应用型本科　电气工程及自动化专业"十三五"规划教材

计算机控制系统基础

主　编　童东兵
副主编　陈巧玉

西安电子科技大学出版社

内 容 简 介

本书共 8 章，内容分别为计算机控制系统概述、过程输入/输出通道、数字程序控制技术、计算机控制系统的数学模型、数字控制器的设计、抗干扰技术、计算机网络控制技术、计算机控制系统设计。

本书编写力求反映应用型本科的要求和工科专业的教学特点，内容由浅入深、循序渐进、通俗易懂，基本概念和基本知识的解释准确清晰，计算机控制技术的说明简明扼要、重点突出（重点包括计算机控制系统的组成、数学模型的建立及数字控制器的连续化和离散化设计），注重将计算机的硬件和软件设计有机地结合起来，并且特别注意以形象直观的形式来配合文字表述，以帮助读者掌握计算机控制技术的主要内容。

本书可供不同层次的读者选用，既可作为高等院校工科相关专业的本科教材，也可供各类工程技术人员参考。

图书在版编目(CIP)数据

计算机控制系统基础/童东兵主编. —西安：西安电子科技大学出版社，2019.3
ISBN 978 - 7 - 5606 - 5153 - 8

① 计… Ⅱ. ① 童… Ⅲ. ① 计算机控制系统 Ⅳ. ① TP273

中国版本图书馆 CIP 数据核字(2018)第 280663 号

策划编辑	马乐惠
责任编辑	文瑞英　马乐惠
出版发行	西安电子科技大学出版社(西安市太白南路 2 号)
电　话	(029)88242885　88201467　　邮　编　710071
网　址	www.xduph.com　　　　电子邮箱　xdupfxb001@163.com
经　销	新华书店
印刷单位	咸阳华盛印务有限责任公司
版　次	2019 年 3 月第 1 版　2019 年 3 月第 1 次印刷
开　本	787 毫米×1092 毫米　1/16　印张 11.5
字　数	268 千字
印　数	1～3000 册
定　价	27.00 元

ISBN 978 - 7 - 5606 - 5153 - 8/TP

XDUP 5455001 - 1

＊＊＊如有印装问题可调换＊＊＊

本社图书封面为激光防伪覆膜，谨防盗版。

前　言

　　随着现代生产过程复杂性与集成化程度的增加,计算机控制系统在生产中已成为不可或缺的部分。这要求从事自动控制的研究人员和工程技术人员在掌握生产工艺流程原理和自动控制原理的同时,也必须掌握计算机控制系统相关的硬件、软件、通信、网络技术等多方面的专门知识与技术。这样不但能分析和应用,也能设计并实施满足工业生产过程需要的计算机控制系统。

　　"计算机控制技术"是我国高校自动化、电气工程及自动化、计算机应用、机电一体化等专业的主干课程。计算机控制技术是研究自动控制理论和计算机技术如何应用于生产自动化过程的专业技术。计算机控制技术是一门综合技术,涉及控制理论、控制算法、计算机接口、计算机软件、电子技术等。作为应用型本科教材,本书略去了难度大、不实用的内容,增加了一些实用技术,体现出了应用特色。本书没有过多地涉及具体的软件编程和算法,着重于建立学生对计算机控制系统的整体概念,培养学生对计算机控制系统的设计能力。本书通过计算机控制系统的实例来加强对有关技术的理解,同时尽量做到重点突出、层次分明、条理清楚,便于教学和自学。

　　全书分为 8 章。第 1 章阐述了计算机控制系统的概念、组成、分类、控制规律以及工业控制计算机和 MATLAB 软件。第 2 章介绍了过程输入/输出通道,包括模拟量输入通道、模拟量输出通道、数字量输入通道和数字量输出通道。第 3 章介绍了数字程序控制技术,包括数字程序控制、步进电动机控制技术和伺服电机。第 4 章介绍了计算机控制系统的数学模型,包括数学模型的建立、计算机控制系统的状态空间模型、计算机控制系统的时域模型、计算机控制系统的频域模型和 MATLAB 实例仿真。第 5 章介绍了数字控制器的连续化和离散化设计,包括数字控制器的连续化设计步骤、数字 PID 控制器的设计、史密斯预估器的设计、数字控制器的离散化设计、最少拍随动系统的设计和最少拍无纹波随动系统的设计。第 6 章介绍了抗干扰技术,包括干扰的来源与传播途径、干扰的作用形式、硬件抗干扰措施和软件抗干扰措施。第 7 章介绍了计算机网络控制技术，包括计算机网络基础、集散控制系统、现场总线控制系统和以太网控制系统。第 8 章介绍了计算机控制系统设计，包括控制系统设计的原则与步骤、系统的工程设计和实现、基于单片机的语音温度计和电阻炉温度控制系统。为培养学生较强的实际动手能力，强调技术方法和使用特性也是本书的一个侧重点。为方便教学，本书在重点章节增加了 MATLAB 仿真。

本书的主要特色如下：

（1）每章开始部分以教学提示、教学要求和本章知识结构为切入点，总结本章重点内容，起到提纲挈领的作用，使学生在初学时能够了解每章的主要内容，在复习时能通过知识结构图迅速把握该章的重点和难点。

（2）每章都由所学知识的切入点引出该章内容。从学生感兴趣、熟悉的基本知识出发，激发他们的求知欲，以达到事半功倍的效果。

（3）每章末尾都有小结，使学生在学习结束时对该章整体内容有一个全面的把握，同时可使所学知识前后衔接、融会贯通，达到系统掌握之目的。

本书不仅可以作为普通高等院校电气工程及自动化、自动化、机电一体化、计算机应用等专业的教材，还可以作为工业控制及相关领域研究人员和技术人员的参考书。

本书第 1 章～第 6 章由上海工程技术大学童东兵编写，第 7 章和第 8 章由上海立信会计学院陈巧玉编写，全书由童东兵统稿。本书的编写得到了西安电子科技大学出版社的支持和帮助，在此表示感谢！

此外，本书在编写过程中还得到了上海工程技术大学电子电气工程学院相关领导的关心与支持，在此表示衷心的感谢！

在编写本书的过程中，硕士研究生毕灶荣、杨洋、闫雪超、王尧、徐聪、黄玥程、时慧等协助做了部分插图绘制和书稿录入工作，在此一并向他们表示感谢！

由于计算机控制技术发展快速且相关理论不断更新，加之编者水平有限，编写时间仓促，书中难免会有一些不妥之处，在此殷切希望广大读者批评指正，以便使本书的内容得到进一步完善。

童东兵

2018 年 5 月于程园

目　录

第1章 计算机控制系统概述

教学提示

随着计算机技术、自动控制理论、仪器传感器技术、微电子技术、通信网络等的不断发展,计算机控制技术在深度和广度两个方面得到了进一步的发展,其自动化程度越来越深入,大量的控制技术与算法被开发了出来。在深度方面,计算机控制技术向人工智能发展,深度学习作为一个越来越火热的概念被重视起来,成果丰硕。在广度方面,国民经济的各个领域都广泛采用计算机控制,其控制的对象也从单一的局部控制发展到对整个工厂的控制。特别是智能化,在家居、医疗、工控、建筑等方面从单一技术逐渐发展为一类技术的综合运用,其应用越来越广。

教学要求

通过本章学习,要求掌握计算机控制系统的基本概念,对计算机控制系统有初步的认识,能够对计算机控制规律和 MATLAB 有一定了解。

知识结构

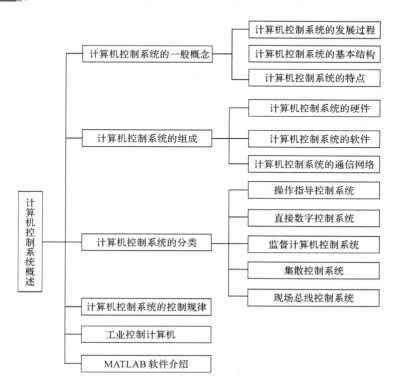

本章主要讲解计算机控制系统的基本概念，包括其系统组成、工业控制计算机的组成结构、计算机控制系统的发展概况和趋势，使读者对本书的内容有一个基本的认识，为后续章节的学习奠定必要的基础。

1.1 计算机控制系统的一般概念

1.1.1 计算机控制系统的发展过程

计算机控制技术从 20 世纪 60 年代开始起步。起初计算机的作用是控制调节器的设定点，具体的操作由电子调节器完成，被称为计算机监控系统，这种系统既有计算机又有调节器，非常复杂。到了 60 年代的末期，出现了计算机集中控制系统。这种控制系统使用一台计算机对一个机组或者一个车间的生产进行控制。这种系统在兼顾操作处理的同时，通过 PID 等算法将被控量稳定在理想的工作状态上，也就是常说的直接数字控制系统。对于当时而言，这种规模小、自动化程度不高的系统在大量顺序控制和逻辑判断操作的情况下有良好的控制效果。

到了 20 世纪 70 年代，大规模集成电路的出现为集散控制系统的出现奠定了基础。1975 年，美国的霍尼韦尔（Honeywell）提出了以微处理器为基础的总体分散控制系统，其特点为集中管理、分散控制，因此也叫集散控制系统。这种系统是从综合自动化的角度出发，按照集中协调、分散功能的原则开发的新型控制系统，具有高实时性、高可靠性的优点，在生产管理、数据采集和过程控制等方面得到了广泛应用。

1.1.2 计算机控制系统的基本结构

1. 自动控制系统的定义和分类

通常来说，自动化控制是指不需要人亲手操作机器或者结构，利用畜力以外的能源来实现期望的功能。从狭义的方面来讲，自动化控制是相对于人工控制，以生化、计算机、水力、机械等知识为基础，设计机构来减轻或替代人力，简化操作流程的机制。控制器是为了达到系统要求所采用的装置，常采用机械机构或者电气方式。其控制对象可以是机器，也可以是压力、温度等外部环境。一个自动控制系统在结构上可以分为开环控制系统和闭环控制系统两种，其结构如图 1-1 所示。

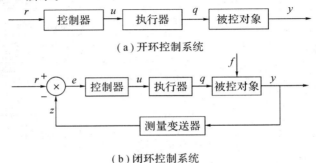

（a）开环控制系统

（b）闭环控制系统

图 1-1 自动控制系统结构

开环控制是指控制器根据给定程序驱动执行器控制被控对象，其信号传递为单向，不涉及测量被控对象。举个例子：灯的亮起与熄灭，在开关按下的一瞬间，对灯的控制活动已经结束。灯是否亮起、亮度如何，对整个开关活动并无影响。可见，开环控制结构简单，但无法自动消除偏差，其控制性能较差。

闭环控制系统是指根据控制对象的输出反馈来进行矫正的控制方式。常见的闭环控制系统有正反馈和负反馈两种基本形式。从反馈实现方式来看，正反馈与负反馈属于算术意义上的"加减"反馈，即输出量反馈至输入端，与输入量进行加减整合之后形成新的输入量。通常来说，被控量可以是温度、压力等物理量，经过信号转换反馈到控制器之中形成新的输入，控制器将输入按照一定的控制规律产生相应的控制信号以控制执行器工作。执行器的操控使得被控对象产生了一定变化，如此循环往复，所以被称为闭环控制系统。

2. 计算机控制系统

计算机控制系统就是利用计算机来实现生产过程自动控制的系统。它主要由控制计算机（工控机）和生产过程两大部分组成。

图 1-1(b)中控制器的功能采用计算机来实现，被称为计算机闭环控制系统。由于计算机采用数字信号，仪表传递模拟信号，因此需要使用 A/D 转换器将模拟量转换为数字量输入。执行器多采用模拟信号，需要使用 D/A 转换器将控制器的数字控制信号转换为模拟信号并输入至执行器。计算机控制系统基本结构框图如图 1-2 所示。

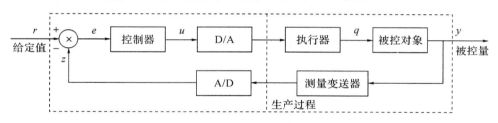

图 1-2　计算机控制系统基本结构框图

3. 计算机控制系统的执行控制

计算机控制系统的执行控制过程如下：

（1）实时数据采集：采集来自测量变送器的被控量的瞬时值并且完成检测与输入，通常使用 A/D 转换器或者数字量输入（Digital Input，DI）通道完成。

（2）实时数据处理：通常由数字控制器完成这一过程。通过对采集到的信号进行分析、比较和处理，按一定的控制规律进行运算，得出控制量，决定要采取的控制策略。

（3）实时输出控制：根据上一步得出的控制策略，产生相应的控制信号，发送给执行器，从而实现控制任务，此处使用 D/A 转换器或者数字量输出（Digital Output，DO）通道完成。

不断重复上述过程，使整个系统按照一定的指标进行工作，并对被控量和设备本身的异常现象及时作出反应并处理。

1.1.3　计算机控制系统的特点

随着自动控制技术的不断发展，人们越来越多地使用计算机来实现控制功能。计算机控制简单来说就是计算机技术与自动化技术、通信网络技术的组合。因此，计算机控制可以使用软件来实现复杂的控制运算，从而取代模拟控制；能够对系统的运行状态进行显示、存储；对于异常运行状态，能够监控并报警；能够实现多种控制规律，多计算机、多工作组之间能够实现组网，实现信息的相互流通。

1.2 计算机控制系统的组成

计算机控制系统可以分为计算机硬件、控制软件和通信网络三个组成部分。

1.2.1 计算机控制系统的硬件

以微型计算机为例，典型的计算机控制系统硬件组成如图 1-3 所示。

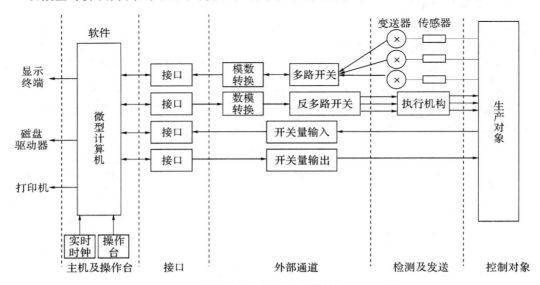

图 1-3 微型计算机控制系统的硬件组成框图

1. 主机及操作台

组成：中央处理器(CPU)、内部存储器(RAM 和 ROM)、显示器等。

作用：根据输入通道送来的被控对象的状态参数，进行信息处理、分析、计算，作出控制决策，通过输出通道发出控制命令，显示系统运行状态，便于操作人员输入或修改参数和发送指令。

2. I/O

I/O 接口电路由输入、输出通道，信号检测和相应的发送装置等组成，实现主机和控制对象的关键信息交换。

常见的输入、输出接口有并行接口、串行接口等。输入和输出通道包括模拟输入和输出通道以及数字输入和输出通道。检测装置将检测到的物理量转换成电信号，并将其转换成适合计算机输入的标准信号。

3. 外部设备

外部设备按功能可分成三类：输入设备、输出设备和外部存储器。

常用的输入设备有键盘、鼠标、画板等,用于实现指令与数据的输入。

常用的输出设备有显示器、打印机、绘图仪等。输出设备主要用来把各种信息和数据以曲线、字符、数字等形式显示出来,便于操作人员进行控制。

外部存储器有 U 盘、光盘、移动硬盘等,用于程序和数据的移动、存储。

1.2.2　计算机控制系统的软件

软件是计算机中使用的所有程序的总称。软件通常可分为系统软件和应用软件。

1. 系统软件

系统软件是供用户使用、维护和管理计算机的一类程序,它具有一定的通用性。

系统软件由操作系统、语言加工系统和诊断系统组成。

1) 操作系统

操作系统是对计算机本身进行管理和控制的一种软件。计算机自身系统中的所有硬件和软件统称为资源。从功能上看,可把操作系统看作资源的管理系统,用来实现对处理器、内存、设备以及信息的管理,例如对上述资源的分配、控制、调度、回收等。

2) 语言加工系统

语言加工系统用于将用户编写的源程序转换成计算机能够执行的机器代码(目的程序)。语言加工系统主要由编辑程序、编译程序、连接和装配程序、调试程序及子程序库组成。

3) 诊断系统

诊断系统是用于维修计算机的软件。

2. 应用软件

应用软件是用户为了完成特定的任务而编写的各种程序的总称,包括控制程序、数据采集及处理程序、巡回检测程序、数据管理程序等。控制程序主要实现对系统的调节和控制,它依据各种控制算法和被控对象的具体情况来编写,并保证满足系统的性能指标。在数据采集及处理程序中,数据可靠性检查程序用来检查是可靠输入数据还是故障数据;数字滤波程序用来滤除干扰造成的错误数据或不宜使用的数据;线性化处理程序对检测元件或变送器的非线性特性用软件进行补偿。在巡回检测程序中,数据采集程序用于完成数据的采集和处理;越限报警程序用于在生产中某些量超过限定值时进行报警;事故预告程序用于根据限定值检查被控量的变化趋势,若被控量超过限定值,则发出事故预告信号;画面显示程序是用图、表在 CRT 上形象地反映生产状况的程序。数据管理程序用于生产管理,主要包括统计报表程序,产品销售、生产调度及库存管理程序,产值利润预测程序等。

1.2.3　计算机控制系统的通信网络

计算机控制系统通信网络即网络化的计算机控制,它已成为当今自动化领域技术发展的热点。

计算机控制系统通信网络的主要特点有:高实时性和良好的时间确定性;传送的信息多为短帧信息,且信息交换频繁;容错能力强,可靠性、安全性好;控制网络协议简单实用,工作效率高;结构具有高度分散性;具有控制设备的智能化和控制功能的自治性;与信息网络之间有高效的通信，易于实现与信息网络的集成。

下面列举一些计算机控制系统常见的总线。

1. RS - 232C 总线

RS - 232 是一种串行外部接口标准，专门用于数据终端设备（Data Terminal Equipment，DTE）和数据通信设备（Data Communication Equipment，DCE）之间的串行通信，是 1969 年由美国电子工业协会（Electronic Industry Association，EIA）制定的串行数据通信标准。RS(Recommended Standard) 是推荐标准，232 是标志号，C 代表 RS - 232 第三次修改，之前还有 RS - 232A、RS - 232B 版。

目前 RS - 232C 是计算机系统中最常用的串行接口标准，常被用于实现计算机与计算机之间、计算机与外设之间的同步通信或异步通信。采用 RS - 232C 进行串行通信时，通信距离可达 12 m，传输数据的速率可任意调整，最高可达 20 kb/s。

现在的计算机一般至少有两个 RS - 232 串行口（COM1 和 COM2），通常 COM1 使用的是 9 针 D 形连接器，COM2 使用的是老式的 DB25 针连接器。RS - 232C 既是协议标准，又是电气标准，它描述了在终端和通信设备之间信息交换的方式和功能。

然而，RS - 232C 仍然存在一些不足：

① 数据传输速率局限于 20 kb/s；

② 传输距离较短；

③ 该标准没有规定连接器，因而设计方案不尽相同，且有时互不兼容；

④ 每个信号只有一根导线，两个传输方向共用一个信号地线；

⑤ 接口使用不平衡的发送器和接收器，可能在各信号成分间产生干扰。

2. RS - 485 总线

RS - 485（也叫 EIA - 485）是隶属于 OSI 模型物理层的半双工、多点通信标准。与 RS - 232 不同，RS - 485 采用缆线两端电压差来传递信号，采用双绞线高电压差分平衡传输。因此 RS - 485 比 RS - 232 具有更强的抗干扰能力和更长的传输距离。

RS - 485/422 总线最大的通信距离约为 1219 m，最大传输速率为 10 Mb/s，传输速率与传输距离成反比。在 100 kb/s 的传输速率下，才可以达到最大的通信距离。RS - 485 总线网络一般采用终端匹配的总线型结构，即采用一条总线将各个节点串接起来，不支持环型或星型网络。

3. MODBUS 总线

MODBUS 总线是 MODICON 公司为该公司生产的 PLC 设计的一种通信协议，从其功能上看，可以认为它是一种现场总线。它通过 24 种总线命令实现 PLC 与外界的信息交换，具有 MODBUS 接口的 PLC 可以很方便地进行组态。工控自动化的快速发展，使 MODBUS 总线得到了广泛应用。

MODBUS 总线的特点如下：

（1）应用广泛：凡具有 RS - 232/485 接口的 MODBUS 协议设备都可以使用它实现与现场总线 PROFIBUS 的互联。

（2）应用简单：用户不必了解 PROFIBUS 和 MODBUS 的技术细节，只需参考产品使用手册提供的应用实例，根据要求完成配置，不需要复杂的编程，即可在短时间内实现连接通信。

（3）透明通信：用户可以依照 PROFIBUS 通信数据区和 MODBUS 通信数据区的映射关系，实现 PROFIBUS 到 MODBUS 之间的数据透明通信。

MODBUS 总线被广泛应用于仪器仪表、智能高低压电器、变送器、可编程控制器、人机界面、变频器、现场智能设备等诸多领域。

4. CAN 总线

CAN(Controller Area Network)总线由德国 BOSCH 公司开发，是经过 ISO 标准化后的串行通信协议，目前已经是汽车网络协议的国际标准，被应用在工业生产的各个方面。

CAN 协议最大的特点是不使用传统的站地址编码，取而代之的是对数据块进行改变。其优点是在理论上不存在节点个数的限制，不同的节点可以同时接受相同的数据，这一点尤其适用于分布式控制系统。

1.3　计算机控制系统的分类

工业用计算机控制系统与其所控制的生产过程的复杂程度密切相关，对于不同的控制对象和不同的控制要求，应该使用不同的控制方案。根据控制方式的不同，工业用计算机控制系统可分为开环控制和闭环控制；根据控制规律的不同，工业用计算机控制系统可分为程序和顺序控制、PID 控制、智能控制等。按照控制功能和控制目的，可将计算机控制系统分为以下几种类型。

1.3.1　操作指导控制系统

操作指导控制(Operational Guidance Control，OGC) 系统又称开环计算机监控系统，是一种基于数据采集系统的开环结构。操作指导控制系统可被看作是由仪表控制的手动与半自动工作状态。通过过程输入通道，检测量被输入到计算机，计算机根据相应的数学模型得出最优的操作条件。但是，输出不会直接作用于执行机构，而是通过显示或者打印的方式呈献给操作人员，操作人员据此去改变各个控制器的给定值或操作执行器，以达到操作指导的目的。操作指导控制系统的结构如图 1-4 所示。

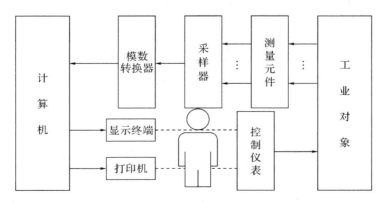

图 1-4　操作指导控制系统的结构

操作指导控制系统的优点是结构简单，控制灵活。一台计算机可代替大量常规显示和记录仪表，对整个生产过程进行集中监视，从而可得到更精确的结果，对指导生产过程十分有利。其缺点是要由人来操作，控制速度受到限制，不能同时控制多个回路。

1.3.2　直接数字控制系统

直接数字控制（Direct Digital Control，DDC）系统在工业过程中的应用最为广泛，它属于闭环控制结构。DDC 系统用一台计算机就能完成对被控参数的数据的巡回检测；先将检测结果与设定值进行比较，再根据一定的控制规律（如 PID 规律）完成实时决策，然后经过程输出通道发出控制信号，实现对生产的控制。DDC 系统结构图如图 1-5 所示。

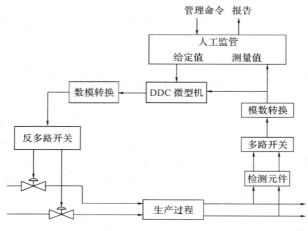

图 1-5　DDC 系统结构图

DDC 系统中的一台计算机不仅完全取代了多个模拟调节器，而且对于各个回路的控制方案，无需对硬件进行改变，只要改变程序就能有效地实现各种各样的复杂控制。直接数字控制系统是计算机用于工业过程控制最普遍的一种方式。

1.3.3　监督计算机控制系统

监督计算机控制（Supervisory Computer Control，SCC）又称设定值控制（Set Point Control，SPC）。SCC 系统是将操作指导控制系统和直接数字控制系统结合起来的一种较为高级的控制系统。计算机根据原始工艺信息和其他参数，按照相应的数学模型与算法，得出适于生产过程的参数，并将其输入到生产控制器中，从而实现生产的自适应与最优化控制。

SCC 有两种不同的结构形式，一种是 SCC＋模拟调节器控制系统，另一种是 SCC＋DDC 控制系统。

1. SCC＋模拟调节器控制系统

图 1-6 是 SCC＋模拟调节器控制系统。这种结构通过对工业对象的各个物理量的巡回检测，使计算机按生产过程的数学模型进行计算，从而得出适应于生产的最佳参数，并反馈给模拟调节器。模拟调节器在分析计算后再将结果输出至执行机构，从而完成一次生产过程的控制。SCC＋模拟调节器控制系统也可以根据工作状态的变化，不断地修正给定值，从而实现自适应控制。

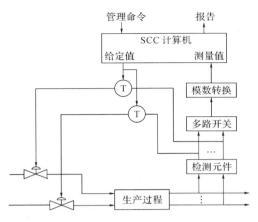

图 1-6　SCC＋模拟调节器控制系统

2. SCC＋DDC 控制系统

图 1-7 是 SCC＋DDC 控制系统。这种结构可被看成是一种二级控制系统，SCC 作为监督级实现参数的运算，通过接口直接将信息送给 DDC，从而直接控制生产过程。

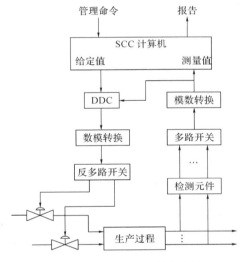

图 1-7　SCC＋DDC 控制系统

当 DDC 级计算出现故障时，可由 SCC 级计算代替，因而极大地提高了系统的可靠性。OGC、DDC、SCC 这三种控制系统的比较如表 1-1 所示。

表 1-1　OGC、DDC、SCC 比较

比较项 系统类别	结构特点	计算机功能	给定值	系统状态
OGC	输入通道	处理数据	人工操作	
DDC	输入/输出通道	直接参与控制	预先设定	不在最优工况
SCC	两极计算机	直接参与控制	在线修改	最优工况

1.3.4 集散控制系统

集散控制系统（Distributed Control System，DCS）又称分散控制系统，是一个为了满足大型工业生产和日益复杂的过程控制要求，从综合自动化的角度出发，按照功能分散、管理集中的原则构思，采用分层、合作自治的结构形式，综合了计算机、通信、终端显示和控制技术而发展起来的新型控制系统。

集散控制系统是以微处理器和网络为基础的集中分散型控制系统。它包括控制站、操作站、通信系统和工程师站。

1. 控制站

控制站用来实现数据采集并完成系统的运算处理控制。它由逻辑和现场两部分组成。

逻辑部分：主 CPU＋内存等，用于数据的处理、计算和存储。

现场部分：现场 I/O、内部并行总线、Multibus、VME、STD、PCI 等。现逐步使用内部串行总线，如 CAN、Profibus、Devicenet 等。

2. 操作站

操作站提供人-机接口设备，完成人-机界面功能，供操作员操作监视。

操作站的画面种类：流程图、总貌、控制组、调整趋势、报警归档等。

3. 工程师站

工程师站是供工业过程控制工程师使用的，是对计算机进行组态（配置、设定）、编程、修改的工作站。

4. 通信系统

系统网络：以太网（I/A），100 Mb/s，256 个节点。

现场总线网络：64 个节点，与 RS - 232C 等同，能离站互联，可实现点对点（Peer to Peer）通信，通信速率为 500 kb/s。

1.3.5 现场总线控制系统

现场总线（Fieldbus）是近年来迅速发展起来的一种工业数据总线，一般用在即时分散系统之中。现场总线一般使用 IEEE 61158 标准，不过有些总线如 Modbus、LonWorks、CANopen 并不在其中。

现场总线控制系统（Fieldbus Control System，FCS）是一种以现场总线为基础的分布式网络自动化系统。在传统的计算机控制系统中，仪表与控制器之间采用一对一的物理连接方式，这对安装、维护造成了不小的困难。FCS 将现场设备变成网络节点，在生产现场实现信号的输入、运算、输出和控制。同时，作为一种开放式互联网络，FCS 既可以与同层网络互联，也可以与不同层网络互联，从而实现了网络数据库的共享。

与其他形式的控制系统相比，现场总线控制系统具有以下明显优势：

（1）全数字化信号传输，FCS 从最底层向最高层传输信号，均采用通信网络互联；

（2）全分散化的系统结构，现场总线的节点是现场设备或现场仪表；

（3）互操作性与互用性，FCS 改变了 DCS 控制层的封闭性和专用性，不同厂家的现场设备既可互连也可互换，并可以统一组态；

（4）通信网络为开放式互联网络，可极其方便地实现数据共享；

（5）技术和标准实现了全开放，面向任何一个制造商和用户。

1.4　计算机控制系统的控制规律

当前最流行的计算机控制系统控制规律主要有以下几种。

1. 顺序控制和数值控制

顺序控制与数值控制都属于开环控制方式，在机床控制中被广泛应用。顺序控制是指系统按照一定的逻辑顺序进行工作。数值控制是指系统按照给定程序进行工作。

2. 串级控制

串级控制系统将两个调节器串联起来工作，其中一个调节器的输出作为另一个调节器的输入，在一些对象滞后且时间常数很大、干扰频繁且强烈、负载很大、对控制精度有一定要求的场合应用较多。

串级控制的主要特点为：在结构上，由两个串联工作的控制器构成双闭环控制系统；其设计目的在于通过设置副变量来提高对主变量的控制质量；由于存在副回路的原因，对其干扰具有超前控制的效果，因此增强了对干扰的抵抗能力；在系统负载改变的情况下，具有一定的自适应能力。

3. 数字 PID 控制

比例积分微分（PID，Proportional Integral Differential）算法是当前应用最为广泛、被广大工程技术人员熟悉的技术。其结构简单，是按偏差的比例、积分和微分进行控制的调节器。PID 控制的三个参数含义是：P 对应当前误差，I 对应过去累计误差，D 对应未来误差。

4. 预测控制

预测控制是一种基于预测模型的控制方法，采用滚动优化、反馈矫正等方法。预测模型的功能是根据对象的历史信息和未来输入预测其未来输出。它不强调模型的结构，只强调功能，因此其模型既可以是差分方程、微分方程等参数模型，也可以是被控过程中的脉冲响应、阶跃响应等非参数模型。

5. 分级递阶智能控制技术

由 Saridis 提出的分级递阶智能控制方法是从工程控制论的角度出发，总结了人工智能与自适应、自学习和自组织控制的关系之后逐渐形成的。其控制智能是根据分级管理系统中十分重要的"精度随智能提高而降低"的原理而分级分配的。分级递阶智能控制系统由组织级、协调级、执行级三级组成。

6. 模糊控制技术

模糊控制是一种应用模糊集合理论的控制方法。它一方面提供了一种基于知识甚至语言归纳描述的控制规律的新机理；另一方面又提供了一种改进非线性控制器的替代方法，对于难以确定的非线性控制问题，模糊控制可以提出有效的解决方法。

7. 最优控制

最优控制是现代控制理论的核心部分，主要研究的是在一定约束条件下寻求实现系统最优的控制策略，使得系统性能指标取极大值或者极小值。常见的解决最优控制问题的主要方法有变分法、极大值原理和动态规划。

8. 自适应控制

自适应控制（Adaptive Control）也称适应控制，是一种对系统参数变化具有适应能力的控制方法，总体上可以分为三大类：自矫正控制、模型参考自适应控制与其他类型的自适应控制。自适应系统在参数变化的情况下，仍能使其性能指标（评价函数）达到最优。随着多媒体计算机和人工智能计算机的发展，应用自动控制理论和智能控制技术来实现先进的计算机控制系统，必将大大推动科学技术的进步和提高工业自动化系统的水平。

1.5　工业控制计算机

1.5.1　控制计算机的主要类型

目前，计算机控制系统中控制器的种类主要有可编程控制器、可编程调节器、总线式工控机、单片微型计算机、嵌入式系统、MCU、DSP、ARM 及其他控制装置。

1. 可编程控制器

可编程控制器（Programmable Contronller，PC）是计算机技术与继电逻辑控制概念相结合的产物，其低端为常规继电逻辑控制的替代装置，而高端为一种高性能的工业控制计算机。它主要由 CPU、存储器、输入组件、输出组件、电源、编程器等组成。

可编程控制器的特点：它是一种数字运算操作的电子系统，专为工业环境下的应用而设定；采用可编程序的存储器，在其内部存储执行逻辑运算、顺序控制、定时、计数和算术操作的指令，并通过数字式、模拟式的输入和输出控制各种类型的机械或生产过程；应用广泛，它不仅在顺序程序控制领域中具有优势，而且在运动控制、过程控制、网络通信领域方面也毫不逊色；其系统构成灵活，扩展容易，编程简单，调试容易，抗干扰能力强。其外观如图 1-8 所示。

图 1-8　西门子 S200 可编程控制器

2．可编程调节器

可编程调节器又称单回路调节器、智能调节器、数字调节器，主要由微处理单元、过程 I/O（输入/输出）单元、面板单元、通信单元、手操单元和编程单元等组成。其外观如图1-9所示。

图 1-9　可编程调节器

可编程调节器有以下特点：

（1）它是一种仪表化了的微型控制计算机，易操作，易编程，方便灵活。

（2）设计时无须考虑接口、通信的硬件设计，软件编程上也只需使用一种面向问题的组态语言。

（3）具有断电保护、自诊断、通信等功能。

（4）可以组成多级计算机控制系统，实现各种高级控制和管理。

（5）它是大型分散控制系统中最基层的控制单元，适用于连续过程中模拟量信号的控制系统。

3．总线式工控机

总线式工控机是基于总线技术和模块化结构的一种专门用于工业控制的通用性计算机，一般被称为工业控制计算机，简称工业控制机或工控机（Industrial Personal Computer，IPC）。

通常，计算机的生产厂家是按照某个总线标准设计制造出若干符合总线标准、具有各种功能的模板，而控制系统的设计人员则根据不同的生产过程与技术要求，选用相应的功能模板组合成自己所需的计算机控制系统。总线式工控机的外形类似普通计算机，如图1-10所示。

图 1-10　总线式工控机

总线式工控机的外壳采用全钢标准的工业加固型机架机箱，机箱密封并加正压送风散热，机箱内的原普通计算机的大主板变成通用的底板总线插座系统，将主板分解成几块 PC 插件，采用工业级抗干扰电源和工业级芯片，并配以相应的工业应用软件。

总线式工控机具有小型化、模板化、组合化、标准化的设计特点，它不仅能满足不同层次、不同控制对象的需求，还能在恶劣的工业环境中可靠地运行。因而，它被广泛地应用于各种控制场合，尤其是被用在十几到几十个回路的中等规模的控制系统中。

4. 单片微型计算机

随着微电子技术与超大规模集成技术的发展，计算机技术的另一分支——超小型化的单片微型计算机(Single Chip Microcomputer，SCM)诞生了。它是将 CPU、存储器、串并行 I/O 口、定时/计数器甚至 A/D 转换器、脉宽调制器、图形控制器等功能部件全都集成在一块大规模集成电路芯片上，构成了一个完整的具有相当控制功能的微控制器。单片机的应用软件可以采用面向机器的汇编语言，但这需要较深的计算机软硬件知识，而且汇编语言的通用性与可移植性差。随着高效率结构化语言的发展，其软件开发环境正在逐步改善。目前，市场上已推出面向单片机结构的高级语言，例如，早期的 Archimedes C 和 Franklin C，以及现在的 Keil C51、Dynamic C 等语言。单片机具有体积小、功耗低、性能可靠、价格低廉、功能扩展容易、使用方便灵活、易于产品化等诸多优点，特别是其强大的面向控制的能力，使它在工业控制、智能仪表、外设控制、家用电器、机器人、军事装置等领域得到了极为广泛的应用。单片机的应用从 4 位机开始，历经 8 位、16 位、32 位 4 种。由于在小型测控系统与智能化仪器仪表的应用领域，8 位单片机的品种多、功能强、价格低廉，因此目前 8 位单片机是单片机系列的主流机种。

5. 嵌入式系统

嵌入式系统是将专用微型计算机嵌入被控设备中的系统。它适用于对体积、功能、可靠性、成本、功耗等综合性能要求严格的场合。嵌入式处理器的特点包括四个方面。① 对实时和多任务有很强的支持能力，能完成多任务并且有较短的中断响应时间，从而使内部代码和实时操作系统的执行时间减少到最低限度。② 具有功能很强的存储区保护功能，这是由于嵌入式系统的软件结构已模块化，为了避免在软件模块之间出现错误的交叉作用，而设计了强大的存储区保护功能。同时，存储区强大的保护功能也有利于软件诊断。③ 具有可扩展的处理器结构，能迅速地扩展出满足应用的高性能嵌入式微处理器。④ 嵌入式微处理器的功耗很低。低功耗是有些应用系统必需的，尤其是用于便携式的无线及移动控制和通信设备中的靠电池供电的嵌入式系统更是如此。

6. MCU

嵌入式微控制器(Micro Controller Unit，MCU)一般以某种微处理器内核为核心，根据某些典型应用，在芯片内部集成了 ROM/EPROM、RAM、总线、总线逻辑、定时/计数器、看门狗、I/O 口、串行口、脉宽调制输出、A/D、D/A、FLASH RAM、E^2PROM 等各种必要功能部件和外设。

7. DSP

数字信号处理技术是当今的一个热门领域，世界上各大半导体公司纷纷推出适用于不同场合的数字信号处理器(Digital Signal Processing，DSP)芯片。在控制领域，比较有代表性的是 TI 公司的 TMS320F240x 系列。

8. ARM

ARM(Advanced Risc Machines)既可以认为是一个公司的名称，也可以认为是对一类微处理器的通称，还可以认为是一个技术名词。ARM 微处理器的特点有：体积小、低功耗、低成本、高性能；支持 Thumb(16 位)、ARM(32 位)双指令集，能很好地兼容 8 位、16位器件；大量使用寄存器，指令执行速度更快；大多数数据操作都在寄存器中完成；寻址方式灵活简单，执行效率高；指令长度固定。

9. 其他控制装置

分散控制系统与现场总线控制系统最初是以一种控制方案的形式出现的，但很快受到工控市场的极大推崇，因而已经成为国内外自动化厂家争先推出的两种典型的装置。

1.5.2　工控机的组成与特点

工控机即工业控制计算机，时髦的叫法是产业电脑或工业电脑，简称 IPC (Industrial Personal Computer)。工控机通俗地说就是专门为工业现场而设计的计算机。早在 20 世纪80 年代初期，美国 AD 公司就推出了类似 IPC 的 MAC‐150 工控机，随后美国 IBM 公司正式推出工业个人计算机 IBM 7532。由于 IPC 的性能可靠、软件丰富、价格低廉，因而在工控机中异军突起，后来居上，应用日趋广泛。现在国内品牌主要有研华、研祥 EVOC 等。

工控机主要用于工业过程测量、控制、数据采集等工作。以工控机为核心的测量和控制系统处理来自工业系统的输入信号，再根据控制要求将处理结果输出到执行机构，从而控制生产过程，同时对生产进行监督和管理。

1. 工控机的硬件组成

如图 1‐11 所示，工控机硬件包括主机板(CPU、内存储器)、人‐机接口、系统支持、磁盘系统、通信接口、系统总线、输入/输出模块。

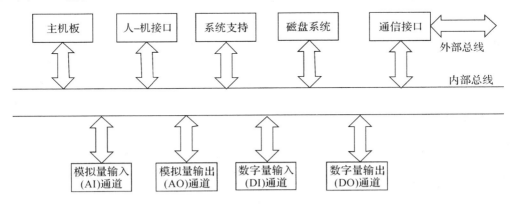

图 1‐11　工控机硬件组成结构图

(1) 主机板：主机板是工业控制机的核心，由中央处理器(CPU)、存储器(RAM 或ROM)、I/O 接口等部件组成。主机板的作用是将采集到的实时信息按照预定程序进行必要的数值计算、逻辑判断、数据处理，及时选择控制策略并将结果输出到工业过程。

(2) 人‐机接口：人‐机接口包括显示器、键盘、打印机以及专用操作显示台等。通过人-机接口设备,操作员与计算机之间可以进行信息交换。

(3)系统支持:系统支持功能主要包括俗称"看门狗"(Watchdog)的监控定时器、电源掉电监测、后备存储器、实时日历时钟。

(4)磁盘系统:磁盘系统包括半导体虚拟磁盘、软盘、硬盘或 USB 磁盘。

(5)通信接口:通信接口是工业控制机与其他计算机和智能设备进行信息传送的通道,常用 IEEE-488、RS-232C 和 RS-485 接口。为方便主机系统集成,USB 总线接口技术正日益受到重视。

(6)系统总线:系统总线可分为内部总线和外部总线。内部总线是工控机内部各组成部分之间进行信息传送的公共通道,是一组信号线的集合。常用的内部总线有 IBM PC 总线和 STD 总线。外部总线是工控机与其他计算机和智能设备进行信息传送的公共通道,常用的外部总线有 RS-232C、RS-485 和 IEEE-488 通信总线。

(7)输入/输出模块:输入/输出模块是工控机和生产过程之间进行信号传递和变换的连接通道,包括模拟量输入(AI)通道、模拟量输出(AO)通道、数字量(开关量)输入(DI)通道、数字量(开关量)输出(DO)通道。

2. 工控机的软件组成

工控机的软件大致可划分为三层:实时操作系统层、控制管理层以及应用层。实时操作系统层是其他层的基础。工业控制软件系统是工业控制计算机的程序系统,主要包括系统软件、工具软件和应用软件三大部分。

系统软件是其他两者的基础核心,因而系统软件决定着设计开发的质量。系统软件用来管理 IPC 的资源,并以简便的形式向用户提供服务。

工具软件是技术人员从事软件开发工作的辅助软件,包括汇编语言、高级语言、编译程序、编辑程序、调试程序、诊断程序等。

工控应用软件主要根据用户工业控制和管理的需求生成,是系统设计人员针对某个生产过程而编制的控制和管理程序,因此它具有专用性。应用软件通常包括过程输入/输出程序、过程控制程序、人-机接口程序、打印显示程序、公共子程序等。

从发展历史和现状来看,工控软件系统具有以下主要特性:

(1)开放性。开放性是现代控制系统和工程设计系统中一个至关重要的指标。开放性有助于各种系统的互连、兼容;有利于设计、建立和应用为一体(集体)的工业思路的形成与实现。为了使系统工具具有良好的开放性,必须选择开放式的体系结构、工业软件和软件环境,这已引起工控界人士的极大关注。

(2)实时性。工业生产过程的主要特性之一就是实时性,因此,要求工控软件系统应具有较强的实时性。

(3)网络集成化。这是由工业过程控制和管理趋势所决定的。

(4)人-机界面更加友好。这不仅是指菜单驱动所带来的操作便利,更应包括设计和应用两个方面的人-机界面。

(5)多任务和多线程性。现代许多控制软件所面临的工业对象不再是单任务线,而是较复杂的多任务系统,因此,如何有效地控制和管理这样的系统仍是目前工控软件主要的研究对象。为适应这种要求,工控软件,特别是底层的工控系统软件必须具有此特性,例如多任务实时操作系统的研究和应用等。

3．工控机的特点

工控机通俗地说就是专门为工业现场而设计的计算机，而工业现场一般不仅具有强烈的震动，灰尘也特别多，还有很强的电磁场干扰等，且一般工厂均是连续作业，即一年中一般没有休息。因此，工控机与普通计算机相比必须具有以下特点。

1）可靠性高

机箱采用符合"EIA"标准的全钢化结构，有较高的防磁、防尘、防冲击的能力。机箱内有专用底板，底板上有 PCI 和 ISA 插槽，采用总线结构和模块化设计技术。CPU 及各功能模块皆使用插板式结构，并带有压杆软锁定，提高了抗冲击、抗震动的能力。机箱内配有高度可靠的工业电源，并有过压、过流保护，有较强的抗干扰能力。机箱内装有双风扇，正压对流排风，并装有滤尘网用以防尘。电源及键盘均带有电子锁开关，可防止非法开、关和非法键盘输入。具有自诊断功能。设有"看门狗"定时器，在因故障死机时，无需人的干预而自动复位。

2）丰富的输入/输出模板

输入/输出模板一般包括以下几个部分：

（1）模拟量输入板卡。模拟量输入板卡（A/D 卡）根据使用的 A/D 转换芯片和总线结构不同，其性能有很大的区别。基于 PC 总线的 A/D 板卡是基于 PC 系列总线标准设计的，例如 ISA、PCI 等。板卡通常有单端输入、差分输入以及组合输入三种。板卡内部通常设置一定的采样缓冲器，对采样数据进行缓冲处理，缓冲器的大小也是板卡的性能指标之一。在抗干扰方面，A/D 板卡通常采取光电隔离技术，以实现信号的隔离。板卡的模拟信号采集的精度和速度指标通常由板卡所采用的 A/D 转换芯片决定。

（2）模拟量输出板卡。模拟量输出板卡（D/A 卡）用于完成数字量到模拟量的转换。同样，依据其采用的 D/A 转换芯片的不同，D/A 转换板卡的转换性能指标有很大的差别。D/A 转换除了具有分辨率、转换精度等性能指标外，还有建立时间、温度系数等指标约束。模拟量输出板卡通常还要考虑输出电平以及负载能力。

（3）数字量输入/输出板卡。数字量输入/输出板卡（I/O 卡）相对简单，一般都需要缓冲电路和光电隔离部分，输入通道需要输入缓冲器和输入调理电路，输出通道需要有输出锁存器和输出驱动器。

（4）脉冲量输入板卡。工业控制现场有许多高速的脉冲信号，例如旋转编码器、流量检测信号等，这些都要使用脉冲量输入板卡或一些专用测量模块进行测量。脉冲量输入板卡可以实现脉冲数字量的输出和采集，并通过跳线器选择计数、定时、测频等不同工作方式。计算机通过该板卡可以方便地读取脉冲计数值，也可测量脉冲的频率或产生一定频率的脉冲。考虑到现场强电的干扰，该类型板卡多采用光电隔离技术，使计算机与现场信号之间全部隔离，从而提高板卡测量的抗干扰能力。

3）实时性好

工控机的软件可配置实时操作系统，便于多任务的调度和运行。

4）开放性好

工控机软件的开放性好，兼容性好，它吸收了 PC 的全部功能，可直接运行 PC 的各种应用软件。此处可采用无源母板(底板),方便系统升级。

5)连续工作时间长

工控机的软件要求具有连续、长时间工作的能力。

6)便于安装

工控机的软件一般采用便于安装的标准机箱(4U 标准机箱较为常见)。

4. 工控机的发展方向

1)目前工控机的劣势

尽管工控机与普通的商用计算机相比具有得天独厚的优势,但其劣势也是非常明显的——数据处理能力差。具体表现为:配置硬盘容量小,数据安全性低,存储选择性小,价格较高。

2)工控机的发展方向

随着商用机的性能愈来愈好,很多工业现场已经开始采用成本更低廉的商用机,而商用机的市场也发生着巨大的变化,人们开始更倾向于比较人性化的触控平板电脑的使用。因此,工业现场带触控功能的平板电脑的使用未来将会是趋势。图 1-12所示的工业触控电脑也是工控机的一种,和普通的工控机相比,它的优势是:工业触控平板电脑的前面板大多采用铝镁合金压铸成型,达到 NEMA IP65 防护等级,坚固结实,持久耐用,而且重量比较轻;工业触控平板电脑是一体机的结构,主机、液晶显示器、触摸屏合为一体,稳定性比较好;采用目前比较流行的触摸功能,可以简化工作,更方便快捷,比较人性化;工业触控平板电脑体积较小,安装维护非常简便;大多

图 1-12　工业触控电脑

数工业触控平板电脑采用无风扇设计,利用大面积鳍状铝块散热,功耗更小,噪声也小;外形美观,应用广泛。

1.5.3　工控机的总线结构

1. 总线概述

总线标准实际上是一种接口信号的标准和协议。总线是一组信号线的集合。它定义了引线的信号、电气、机械特性,是微机系统内部各组成部分之间、不同的计算机之间建立信号联系,进行信息传送的通道。

按相对于 CPU 或其他芯片的位置划分,总线主要有内部总线(系统总线)和外部总线(通信总线);按功能或信号类型划分,总线主要有数据总线、地址总线和控制总线;按数据传输的方式划分,总线主要有串行总线和并行总线;按时钟信号是否独立划分,总线主要有同步总线和异步总线。

总线主要有数据传输、中断、多种设备支持、错误处理等功能。

2. 内部总线

内部总线是指微机内部各功能模块间进行通信的总线,也称系统总线。它是构成完整

微机系统的内部信息枢纽。

常用的内部总线主要有 STD 总线、VME 总线、ISA 总线和 PCI 总线。

1) STD 总线

STD 总线即 Standard Bus，是一种规模最小，面向工业控制，设计周密的 8 位系统总线。

STD 总线的性能特点为：STD 总线支持 8 位微处理器；STD 总线是一种小型的、面向工业控制及测量的总线，全部总线只有 56 根。这 56 根总线被划分为 4 组：逻辑电源总线 6 根和辅助电源总线 4 根，双向数据总线 8 根，地址总 16 根，控制总线 22 根；可实现分布式、主机式及多条 STD 总线多处理器系统；STD 总线是同步总线，采用同步方式传输数据；STD 总线最初只定义了两根中断控制线，系统的中断功能不强，但在 System II STD 总线系统中，由于兼容了 PC/XT，因此中断功能显著提高；CMOS 化；局部总线扩展能力；支持网络功能；STD 模板尺寸为 4.5 英寸×6.5 英寸（即 11.4 cm× 16.5 cm），是总线-模板式测控系统中最小的，因此具有机械强度高、抗震动及抗冲击能力强的特点；可靠性高。

2) VME 总线

VME(Versamodel Eurocard)总线是 Motorola 公司 1981 年推出的第一代 32 位工业开放标准总线。其主要特点是 VME 总线的信号线模仿的是 Motorola 公司生产的 68000 系列单片机信号线，由于其应用的广泛性而被 IEEE 收为标准，即 IEEE 1014 – 1987，其标准文件为 VMEbus Specification Rev C. 1。

VME 总线的插板一般有两种尺寸：一种是 3U 高度的带一个总线接口 J1，高×长为 100 mm× 160 mm；另一种是 6U 高度的带 J1、J2 两个总线接口，高×长为 233 mm × 160 mm。

一般每块 VME 总线的插板上的 J1、J2 接口都有 96 针，每一个接口都是 3 排，按 A、B、C 排列，每排 32 针。J1 一般用于直接与 V111 总线相连，J2 的中间列用于扩展地址总线或数据总线，另外两列可供用户定义或用于 I/O、磁盘驱动及其他外设等。VME 总线已对未来的应用扩展预留了信号针，这也是 VME 总线将来可以灵活升级的原因。

3) ISA 总线

20 世纪 80 年代初期，IBM 公司在推出自己的微机系统 IBM PC/XT 时，就定义了一种总线结构，称为 S 总线。这是 8 位数据宽度的总线。IBM 在采用了 80286 CPU 之后，又推出了 IBM PC/AT 微机系统，定义了与 XT 总线兼容的 16 位的 AT 总线。ISA (Industrial Standard Architecture)总线即 AT 总线，它是在 8 位的 XT 总线基础上扩展而成的 16 位的总线体系结构。

后来，在大多数 Pentium 系列的 PC 主板上仍保留了 3～4 个 ISA 总线扩充槽，这样既可以插入 8 位的 ISA 卡，又可以插入 16 位的 ISA 卡。

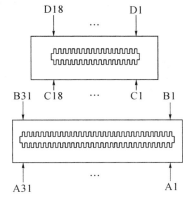

图 1 – 13　ISA 总线插槽

ISA 总线插槽有长、短两个插口，长插口有 62 个引脚，以 A31～A1 和 B31～B1 表示，分别列于插槽的两面；短插口有 36 个引脚，以 C18～C1 和 D18～D1 表示，也分别列于插槽的两面。ISA 总线插槽如图 1 – 13 所示。

4）PCI 总线

PCI(Peripheral Component Interconnect，外围部件互连)总线于 1991 年由 Intel 公司首先提出，并由 PCI SIG（Special Interest Group)发展和推广。PCI SIG 是一个包括 Intel、IBM、Compaq、Apple 和 DEC 等 100 多家公司在内的组织集团。1992 年 6 月推出了 PCI 1.0，1995 年 6 月又推出了支持 64 位数据通路、66 MHz 工作频率的 PCI 2.1。PCI 总线先进的结构特性及其优异的性能使之成为现代微机系统总线结构中的佼佼者，并被多数现代高性能微机系统广泛采用。

PCI 总线的主要特点为：传输率高；采用数据线和地址线复用结构，减少了总线引脚数；总线支持无限突发读写方式和并行工作方式，总线宽度为 32 位(5 V)，可升级为 64 位（3.3 V）；PCI 总线与 CPU 异步工作，PCI 总线的工作频率固定为 33 MHz，与 CPU 的工作频率无关，使 PCI 总线不受处理器的限制；提供了即插即用功能，允许 PCI 局部总线扩展卡和元件进行自动配置。

PCI 总线的功能特性：连接到 PCI 总线上的设备分为主控设备（Master）和目标设备（Target）两类；PCI 支持多个主控设备，主控设备可以控制总线、驱动地址、数据及控制信号；目标设备不能启动总线操作，只能依赖于主控设备向它进行传递或从中读取数据。

PCI 总线的基本传输：PCI 总线的数据传输采用突发（Brust）方式，支持对存储器和 I/O 地址空间的突发传输，以保证总线始终是满载的数据传输。

3. 外部总线

外部总线是指用于计算机与计算机之间或计算机与其他智能外设之间的通信线路。常用的外部总线有 IEEE - 488 并行总线、RS - 232C 串行总线和 RS - 485 通信总线。

1）IEEE - 488 并行通信总线

图 1 - 14 为 IEEE - 488 并行总线，包含 16 条信号线和 8 条地线。16 根信号线可分成 3 组：8 根双向数据总线、3 根数据字节传送控制总线、5 根接口管理总线，均为低电平有效。

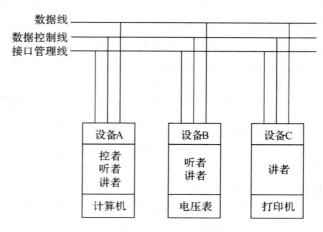

图 1 - 14   IEEE - 488 并行总线

2）RS-232C 串行通信总线

RS-232C 是美国电子工业协会（EIA）推广使用的一种串行通信总线标准，是 DEC（数据通信设备，如微机）和 DTE（数据终端设备，如 CRT）间传输串行数据的接口总线。该标准提供了一个利用公用电话网络作为传输介质、通过调制解调器将远程设备连接起来的技术规定。

目前 RS-232C 是 PC 与通信工业中应用最广泛的一种串行接口，IBM PC 上的 COM1、COM2 接口就是 RS-232C 接口。利用 RS-232C 串行通信接口可实现两台 PC 的点对点的通信；通过 RS-232C 接口可与其他外设（如打印机、智能调节仪、PLC 等）近距离串行连接；通过 RS-232C 接口连接调制解调器可远距离地与其他计算机通信；将 RS-232C 接口转换为 RS-422 或 RS-485 接口，可实现一台 PC 与多台现场设备之间的通信。

RS-232 标准定义了主、辅两个通信信道，辅助信道的传输速度比主信道低，其他功能与主信道相同。在实际应用中，通常只使用一个主通信信道，因此就产生了简化的 RS-232 的 9 针 D 型插头，如图 1-15 所示。

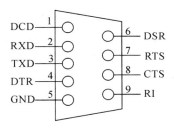

图 1-15　DB9 串口连接器

RS-232C 的连接插头早期用 25 针 EIA 连接插座，现在用 9 针的 EIA 连接插座，其串行口的针脚功能如表 1-2 所示，包括数据线、状态线、联络线。

表 1-2　RS-232 串行口的针脚功能

9 针	方　向	符　号	功　能
3	输出	TXD	发送数据
2	输入	RXD	接收数据
7	输出	RTS	请求发送
8	输入	CTS	为发送清零
6	输入	DSR	数据设备准备好
5		GND	信号地
1	输入	DCD	
4	输出	DTR	数据信号检测
9	输出	RI	

图 1-15、表 1-2 中 DCD(Data Carrier Detection)用来表示 DCE 已经接收到满足要求的载波信号,已经接通通信链路,告知 DTE 准备接收数据。

RS-232 接口的数据线包括 RXD 和 TXD。RXD(Received Data)是数据接收端,其作用是接收 DCE 发送的串行数据。TXD(Transmitted Data)是数据发送端,其作用是将串行数据发送到 DCE。在不发送数据时,TXD 保持逻辑"1"。

RS-232 接口的状态线包括 DSR 和 DTR。DSR(Data Set Ready)表示数据装置准备就绪,是输入信号,可用作数据通信设备 Modem 响应数据终端设备的联络信号。当该信号有效时,表示 DCE 已经与通信的信道接通,可以使用。DTR(Data Temtinal Ready)表示数据终端准备就绪,是输出信号,通常当数据终端加电时,该信号有效,表明数据终端准备就绪。DTR 可用作数据终端设备发给数据通信设备 Modem 的联络信号。当这两个设备状态信号有效时,只表示设备本身可用,并不说明通信链路可以开始通信,能否开始通信要由联络信号决定。当这两个信号连到电源上时,表示上电立即有效。

GND 的作用是为其他信号线提供参考电位。

RS-232 接口的联络线包括 RTS 和 CTS。

RTS(Request To Send)是请求发送端。当 DTE 准备好送出数据时,该信号有效,通知 DCE 准备接收数据。CTS(Clear To Send)表示允许发送,是输入信号。当 DCE 已准备好接收 DTE 传来的数据时,该信号有效,响应 RTS 信号,通知 DTE 开始发送数据。RTS 和 CTS 是一对用于发送数据的联络信号。

RI(Ring Indicator):振铃指示。当 DCE 收到交换台送来的振铃呼叫信号时,使该信号有效,通知 DTE 已被呼叫。

(1) RS-232C 接口电气特性。

RS-232C 采用负逻辑电平,发送数据时,发送端输出的逻辑"0"表示正电平(+5~15 V),输出的逻辑"1"表示负电平(-15~-5 V)。接收数据时,接收端接收的+5~+15 V 高电平表示逻辑"0",-15~-5 V 低电平表示逻辑"1",其接口电气特性如表 1-3 所示。

表 1-3　RS-232C 接口电气特性

状　态	-15 V<V1<-5 V	+5 V<V1<+15 V
逻辑状态	1	0
信号条件(数据线上)	传号(MARK)	空号(SPACE)
功能(控制线上)	OFF	ON

RS-232C 的噪声容限是 2 V(发送电平和接收电平的差为 2 V),共模抑制能力较差。

可见,电路可以有效地检查出传输电平的绝对值大于 3 V 的信号,而对于介于-3~+3 V 之间的电压信号和低于-15 V 或高于+15 V 的电压信号则认为是无意义的。因此,实际工作时,应保证电平的绝对值为 3~15 V。

(2) RS-232C 与 TTL 的电平转换。

RS-232C 用正负电压来表示逻辑状态,与 TTL 用高低电平表示逻辑状态的规定不同。因此，为了能够同计算机接口或终端的 TTL 器件连接，必须在 RS-232C 与 TTL 电路之间进行电平和逻辑关系的转换。实现这种转换的方法是使用分立元件或使用集成电路芯片，如图 1-16 所示。

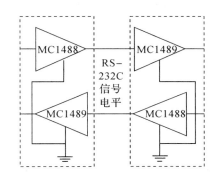

图 1-16　RS-232C 与 TTL 的电平转换

（3）RS-232C 的不足。

尽管 RS-232C 接口标准应用广泛，但由于出现较早，存在以下不足：

① 接口信号电平值较高，易损坏接口电路芯片，且与 TTL 电平不兼容，需使用电平转换电路才能与 TTL 电路连接。

② 采用单端驱动、单端接收的单端双极性电路标准，一条线路传输一种信号。发送器和接收器之间具有公共信号地，共模信号会耦合到信号系统。对于多条信号线来说，这种共地传输方式的抗共模干扰能力很差，尤其传输距离较长时会在传输电缆上产生较大的压降损耗，压缩了有用信号范围，在干扰较大时通信可能无法进行，故通信速度和距离不可能较高。

③ 传输速率较低，在异步传输时，波特率最大为 19 200 b/s；传输距离有限，最大传输距离只有 15 m。

3）RS-485 标准总线

由于 RS-232C 存在数据传输慢、距离短的缺点，1977 年 EIA 公布了新的标准接口 RS-449。它与 RS-232C 的主要差别是信号的传输方式不同。RS-449 接口是利用信号导线之间的电位差，可在 1200m 的双绞线上进行数字通信，速率可达 90 kb/s。由于 RS-449 系统采用平衡信号差电路传输高速信号，所以噪声低，又可以多点或者使用公用线通信。

RS-485 属于 RS-449 的子集。RS-485 的工作方式为半双工，在某一时刻，一个发送，另一个接收。RS-485 的一个发送器可驱动 32 个接收器，总线上最多可连接 32 个驱动器和接收器，并且可采用二线。采用二线工作方式时可有多个驱动器和接收器连接至单总线，并且其中任何一个均可发送或接收数据。RS-485 的二线工作方式连线简单，成本低，因此在工业控制及通信联络系统中使用普遍。表 1-4 所示为 RS-485 与 RS-232C 的比较。

表 1 - 4　RS - 485 与 RS - 232C 的比较

名称	RS - 232C	RS - 485
工作模式	单端发，单端收	双端发，双端收
连接台数	1 台驱动器，1 台接收器	32 台驱动器，32 台接收器
传输距离与速率	15 m，20 kb/s	12 m，10 Mb/s； 120 m，1 Mb/s； 1200 m，100 kb/s
驱动器输出(最大电压值)	±25 V	−7～+12 V
驱动器输出(信号电平)	±5 V(带负载) ±15 V(未带负载)	±1.5 V(带负载) ±5 V(未带负载)
驱动器负载阻抗	3～7 kΩ	54 Ω
示意图		

1.6　MATLAB 软件介绍

　　MATLAB(Matrix Laboratory，矩阵实验室)是一款由美国 The Math Works 公司出品的商业数学软件。MATLAB 拥有数值分析、矩阵运算、数据可视化、非线性系统建模等强大的功能，同时支持包括 C、C++、Java 在内的多种计算机语言。

　　作为控制界最常用的软件，MATLAB 具有庞大的工具箱(Toolbox)。工具箱就是一些实现特定功能函数的集合，作为其他所有 MathWorks 和 Simulink 的基础，MATLAB 可以通过附加的工具箱进行功能扩展。一般工具箱是开源的，用户可以根据自己的需要对函数进行修改与创建。在应用数学及控制领域内，几乎所有的研究方向都有自己的工具箱，并且由专家编写，可信度较高。

1.6.1　编程环境

　　MATLAB 由一系列工具组成，用户使用内置的脚本语言进行编程，许多工具采用GUI。与同类其他软件相比，MATLAB 提供工作区、历史命令窗口、编辑器和路径搜索等界面构成的编程环境，高版本的 MATLAB 还提供大量的官方工具箱和运算库，同时编程语言还会向下兼容。在一些特定的领域内，用户甚至可以自建运算工具箱，极大地提升了编程效率。

MATLAB 内置了一种基于矩阵的编程语言,其语法特征类似 C++,但更为简单,能够更流畅地进行数学表达。若不习惯内置的语言,MATLAB 还提供一些官方和非官方的语言转换工具箱,支持包括 Java、JSP 在内的混合调用。

1.6.2　Simulink 仿真模块

Simulink 是 MATLAB 提供的一种可视化动态仿真模块,支持各种时变系统,也可以进行基于模型的设计。Simulink 可以用连续采样时间、离散采样时间或两种混合的采样时间进行建模。它也支持多速率系统,也就是系统中的不同部分具有不同的采样速率。为了创建动态系统模型,Simulink 提供了一个建立模型方块图的图形用户接口,这个创建过程只需单击和拖动鼠标操作就能完成,它提供了一种更快捷、直接明了的方式,而且用户可以立即看到系统的仿真结果。

Simulink 是用于动态系统和嵌入式系统的多领域仿真和基于模型的设计工具。对各种时变系统,包括通讯、控制、信号处理、视频处理和图像处理系统,Simulink 提供了交互式图形化环境和可定制模块库来对其进行设计、仿真、执行和测试。

构架在 Simulink 基础之上的其他产品扩展了 Simulink 多领域建模功能,也提供了用于设计、执行、验证和确认任务的相应工具。Simulink 与 MATLAB 紧密集成,可以直接访问 MATLAB 大量的工具来进行算法研发、仿真的分析和可视化、批处理脚本的创建、建模环境的定制以及信号参数和测试数据的定义。

1. Simulink 基本模块库

以 MATLAB 2016a 为例,在 MATLAB 命令行窗口输入"simulink"或者直接单击菜单栏上的 Simulink 按钮,选择 Blank Model,将打开一个空白模组,单击菜单栏上 Library Browser,打开模块库。Simulink 支持数量众多的模块,下面介绍一些常用的模块。

(1) 连续系统模块库(Continuous)。它包括一些常用的连续系统模块,例如微分器(Derivative)、积分器(Integrator)、PID 控制器(PID Controller)、状态空间模型(State-Space)、可变传输延迟(Variable Transport Delay)等,如图 1-17 所示。

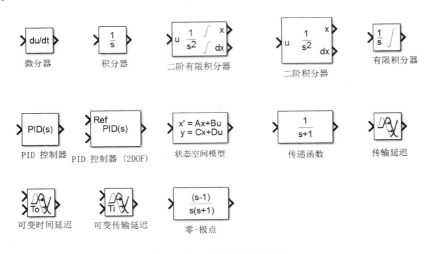

图 1-17　连续系统模块库

（2）离散系统模块库（Discrete）。它包括一些常用的离散系统模块，例如离散延迟（Delay）、离散差分延迟（Difference）、离散数值微分器（Discrete Derivative）、离散 PID 控制器（Discrete PID Controller）、离散状态空间模型（Discrete State - Space）、一阶保持器（First - Order Hold）等，如图 1－18 所示。

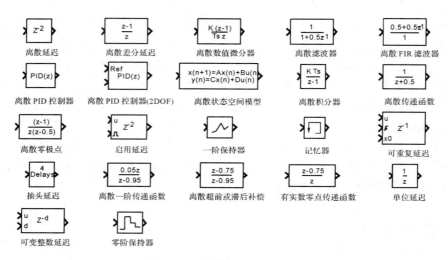

图 1-18　离散系统模块库

（3）输入源模块（Sources）。它包括一些常用的输入源，例如带宽限幅白噪声（Band - Limited White Noise）、斜波输入（In）、常数信号（Constant）、接地线（Ground）、正弦信号（Sine）、阶跃信号（Step）等，如图 1－19 所示。

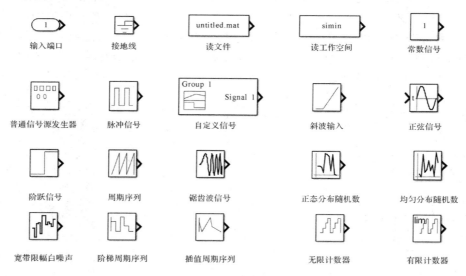

图 1-19　输入源模块

（4）逻辑与位操作库（Logic and Bit Operations）。它包括常用的逻辑运算和位操作模块，例如位清零（Bit Clear）、位置位（Bit Set）、逻辑操作符（Logical Operator）、关系操作符（Relational Operator）等，如图 1－20 所示。

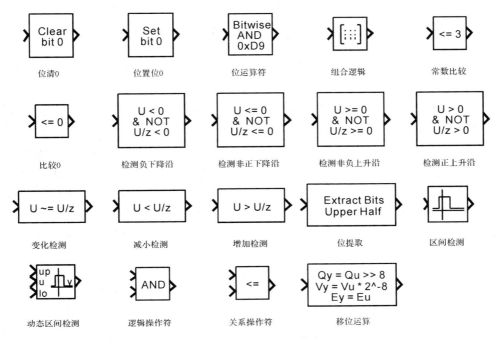

图 1-20　逻辑与位操作库

2. Simulink 专业工具箱

DSP 系统工具箱(DSP System Toolbox)提供用于 MATLAB 中流信号处理的框架。该系统工具箱包含一个针对流信号处理(例如单速率和多速率滤波器、自适应滤波器和 FFT)优化的信号处理算法库。该系统工具箱是极其适合于设计、仿真和部署信号处理应用的解决方案,包括音频、生物医学、通信、控制、传感器和语音。

流信号处理技术能够处理持续流动的数据流,通常将输入数据划分为帧并在采集每个帧时通过对其进行处理来加速仿真。例如,MATLAB 中的流信号处理能够实时处理多声道音频。

通过使用被称为 System Objects 的 DSP 算法组件库表示数据驱动的算法、源和接收器来实现流信号处理。System Objects 可通过自动执行数据索引、缓冲和算法状态管理等任务来帮助创建流应用程序。可将 MATLAB System Objects 与标准 MATLAB 函数及运算符混合起来。

信号系统工具箱(Communications System Toolbox)提供用于对通信系统进行分析、设计、端到端仿真和验证的算法和应用程序。工具箱算法(包括信道编码、调制、MIMO 和 OFDM)可以组建系统的物理层模型,可以仿真模型以测量性能。该系统工具箱提供星座图和眼图、误码率以及其他分析工具和示波器以验证设计。这些工具可用于分析信号,实现信道特征可视化和获取误差矢量幅度(EVM)等性能指标。信道和 RF 损伤模型和补偿算法(包括载波和符号定时同步器)可以对链路级设计规范进行真实建模并补偿信道衰落效应。通过使用 Communications System Toolbox 硬件支持包,可以将发射机和接收机模型连接到外部无线电设备并使用无线测试验证设计。该系统工具箱支持定点运算和 C 或 HDL 代码生成。

小　结

计算机控制技术包括计算机技术、自动控制技术、检测与转换技术、通信与网络技术、微电子技术等多门学科的知识。

计算机控制系统包括计算机控制系统硬件、计算机控制系统软件和计算机通信网络。

工业用计算机控制系统与所控制的生产过程的复杂程度密切相关，对于不同的控制对象和不同的控制要求，应该具有不同的控制方案。根据控制方式的不同，可分为开环控制和闭环控制；根据控制规律的不同，可分为程序和顺序控制、PID 控制、智能控制等；按照控制功能和控制目的，可将计算机控制系统分为操作指导控制系统、直接数字控制系统、监督计算机控制系统、集散控制系统和现场总线控制系统。

工业控制计算机是基于总线技术和模块化结构的一种专用于工业控制的通用性计算机。

习　题

1. 什么是计算机控制系统？计算机控制系统是如何执行控制的？
2. 计算机控制系统的硬件由哪几个部分组成？各个部分的功能如何？
3. 常见通信总线的优缺点如何？
4. 集散式控制系统(DCS)的特点是什么？其层次化结构如何体现？
5. 现场总线控制系统的特点是什么？
6. 为什么可编程控制器(PLC)的应用领域广泛？
7. 工控机(IPC)常用的内部总线是什么？常用的外部总线是什么？
8. 计算机监督系统(SCC)中，SCC 计算机的作用是(　　)。

A. 接收测量值和管理命令并提供给 DDC 计算机

B. 按照一定的数学模型计算给定值并提供给 DDC 计算机

C. 当 DDC 计算机出现故障时，SCC 计算机也无法工作

D. SCC 计算机与控制无关

9. RS-232C 串行总线电气特性规定逻辑"1"的电平是(　　)。

A. 3 V 以下　　　　B. 0.7 V 以上　　　　C. -3 V 以下　　　　D. +3 V 以上

10. RS-232C 串行总线的传输距离与速率为(　　)。

A. 15 m, 20 kb/s　　　　　　　　　　B. 12 m, 10 Mb/s

C. 120 m, 1 Mb/s　　　　　　　　　　D. 1200 m, 100 kb/s

11. RS-485 最大传输距离与最大传输速率为(　　)。

A. 15 m, 20 kb/s　　　　　　　　　　B. 1219 m, 10 Mb/s

C. 1200 m, 1 Mb/s　　　　　　　　　　D. 15 m, 100 kb/s

12. IPC 的系统支持功能不包括(　　)。

A. 电源掉电监测　　　　　　　　　　B. 实时日历时钟

C. DNS 解析　　　　　　　　　　　　D. 看门狗

第 2 章　过程输入/输出通道

本章内容按照先模拟后数字，先输入后输出的顺序安排。模拟量部分重点为 A/D 和 D/A 转换器、保持器和放大器。对于信号输入输出处理电路，需要对整体结构有足够的认知。数字量部分重点为数字量输入输出整体结构。

熟练掌握各种模拟输入/输出芯片的性能、原理及应用电路；熟练掌握数字芯片的性能与使用方法。

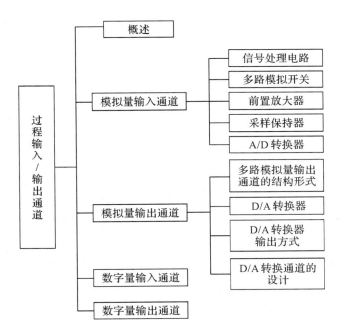

2.1　概　　述

在计算机控制系统中，为了实现对生产过程的控制，要设法为数字控制器提供控制对象的被控参数，就要有信号的输入通道；另一方面，数字控制器的控制命令要作用于控制对象，就要有信号的输出通道。

反映生产过程工况的信号既有模拟量，也有数字量（或开关量），计算机作用于生产过程的控制信号也是如此。对计算机来说，其输入和输出都必须是数字信号，因而输入和输出通道的主要功能，一是将模拟信号变换成数字信号，二是将数字信号变换成模拟信号，三是要解决对象输入信号与计算机之间以及计算机输出信号与对象之间的接口问题。本章主要讨论的是计算机过程输入/输出通道，即模拟量输入（AI）、模拟量输出（AO）、数字量输入（DI）、数字量输出（DO）通道，如图 2-1 所示。

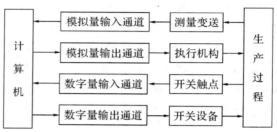

图 2-1　计算机过程输入/输出通道

1. 过程输入/输出通道与主机交换的信息类型

（1）数据信息：反映生产现场的参数及状态的信息，包括数字量和模拟量。

（2）状态信息：又叫应答信息、握手信息，反映过程通道的状态，例如准备就绪信号等。

（3）控制信息：用来控制过程通道的起动和停止等信息，例如三态门的打开和关闭、触发器的起动等。

2. 过程通道的编址方式

由于计算机控制系统一般都有多个过程输入/输出通道，因此需要对每一个过程输入/输出通道安排地址。过程通道编址方式有以下两种。

1）过程通道与存储器统一编址方式

这种编址方式又叫存储器映像编址。它是将每个 I/O 端口看作存储器中的一个单元，并赋予存储器地址。当 CPU 要访问 I/O 端口时，如同访问存储器一样，所有访问存储器的指令同样适合于 I/O 端口，通常把存储器中最后一小部分地址分配给各个 I/O 接口。

优点：简化指令系统设计，可使用全部存储器指令。

缺点：减少一定量的内存容量，数据存取时间长（MOV 需 20 个以上时钟周期，专用 I/O 指令需 10 个时钟周期）。

2）过程通道与存储器独立编址方式

这种编址方式又叫专用 I/O 指令编址，I/O 端口地址与存储器地址是分开的。CPU 对端口寄存器的访问通过 IN 和 OUT 指令完成，并有直接寻址方式和间接寻址方式两种，它们的寻址空间不同。

3. 主机对过程通道的控制方式

计算机的外围设备及过程通道种类繁多，它们的传送速率各不相同。因此，输入/输出会产生复杂的定时问题，也就是 CPU 采用什么控制方式向过程通道输入和输出数据。常用的控制方式有以下三种。

1）程序传送控制方式

程序传送控制方式是指完全靠程序来控制信息在 CPU 与 I/O 设备之间的传送。它分为无条件（同步）传送方式和条件（查询）传送方式。

无条件传送是指在外设已准备好，而又不必检查它们的状态情况下，直接采用输入/输出指令同外设传送数据。这是一种最简单的传送方式，所需硬件、软件较少，但必须已知外设已准备好发送数据或能接收数据才能使用，否则会出错。这种方式一般很少使用。

条件传送也称查询传送或异步传送方式。CPU 在传送前，利用程序不断询问外设的状态，若外设准备好，CPU 就立即与外设进行数据交换；若外设没有准备好，CPU 就处于循环查询状态，直到外设准备好为止。

2）中断传送方式

中断是外设（或其他中断源）中止 CPU 当前正在执行的程序，转向该外设服务的程序，即完成外设与 CPU 之间传送一次数据，一旦服务结束，又返回主程序继续执行。这样，在外设处理数据期间，CPU 可以同时处理其他事务，外设处理完数据后就主动向 CPU 提出服务请求，而 CPU 在每条指令执行的结尾阶段均会检查是否有中断请求（这种检查由硬件完成，不占 CPU 时间）。一个完整的中断处理过程应包括中断请求、中断排队、中断响应、中断处理和中断返回。

3）直接存储器存取（DMA）传送方式

当数据传送执行的时间小于完成中断过程所需时间，大量数据在高速外设与存储器之间传送时，采用 DMA 传送方式。DMA 传送方式是利用专门的硬件电路，让外设接口直接与内存进行高速的大批量数据传送，而不经过 CPU，这种专门硬件就是 DMA 控制器——DMAC。目前，DMAC 有可编程大规模集成电路芯片 Intel8237－5、Intel8257/8257－5、Motorola MC6844 等。

DMA 的工作流程如图 2-2 所示。

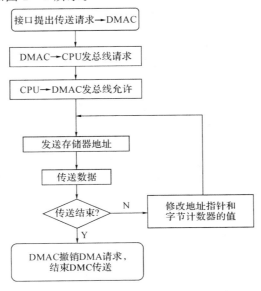

图 2-2　DMA 工作方式流程图

DMA 操作的基本方法有以下三种。

（1）周期挪用是指利用 CPU 不访问存储器的那些周期来进行 DMA 操作，此时 DMAC 不用通知 CPU 由它来控制总线。这种方法的关键是 DMAC 必须能识别出可挪用的周期。周期挪用需要的电路较复杂，而且传送的数据不连续、不规则。

（2）周期扩展使用专门的时钟发生器/驱动电路，当需要 DMA 操作时，DMAC 发出请求信号给时钟电路，使供给 CPU 的时钟周期加宽，而 DMA 和存储器的时钟周期不变。这加宽的时钟周期用来进行 DMA 操作。DMA 操作结束后，CPU 恢复正常时钟继续操作，使 CPU 处理速度降低；CPU 时钟加宽有限度，从而每次只能传送一个字节。

（3）CPU 停机方式是最简单、最常用的 DMA 操作方法。DMAC 向 CPU 发出请求信号进行 DMA 传送。CPU 在当前总线周期结束后，下一个总线周期开始让出总线控制权由 DMA 来控制；传送完后，CPU 收回总线控制权，继续执行被中断的程序。DMA 操作时，CPU 空闲，降低了 CPU 的利用率，影响 CPU 对中断响应和动态 RAM 的刷新，因此使用时应注意。

DMA 传送方式分为单字节传送方式和字节组传送方式。单字节传送方式是每次 DMA 请求只传送一个字节数据；字节组传送方式是每次 DMA 请求传送一个数据块。

2.2　模拟量输入通道

模拟量输入通道的任务是把被控对象的过程参数如温度、压力、流量、液位、重量等模拟量信号转换成计算机可以接收的数字量信号。来自于工业现场传感器或变送器的多个模拟量信号首先需要进行信号处理，然后经多路模拟开关，分时切换到后级，再进行前置放大、采样保持和 A/D 转换，通过接口电路以数字量信号进入主机系统，从而完成对过程参数的巡回检测任务。

显然，模拟量输入通道的核心是 A/D 转换器，通常把模拟量输入通道称为 A/D 通道或 AI 通道。

2.2.1　信号处理电路

信号处理电路包括信号滤波、小信号放大、信号衰减、阻抗匹配、电平变换、线性化处理、电流/电压转换等。滤波电路可以滤掉或消除干扰信号，保留或增强有用信号，可以采用有源滤波器或无源滤波器。有些电信号转换后与被测参量呈现非线性，所以必须对信号进行线性化处理，使它接近线性化；在硬件上可配置负反馈放大器或采用线性化处理电路，在软件上可采用分段线性化数字处理的办法来解决。在控制系统中，对被控量的检测往往采用各种类型的测量变送器，当它们的输出信号为 0～10 mA 或 4～20 mA 的电流信号时，一般采用电阻分压法把现场传送来的电流信号转换为电压信号。图 2-3 是两种信号处理的变换电路。

无源 I/V 变换电路是利用无源器件——电阻来实现，加上 RC 滤波和二极管限幅等保护，如图 2-3(a)所示，其中 R 为精密电阻。对于 0～10 mA 输入信号，可取 $R_1 = 100\ \Omega$，

$R_2＝500\ \Omega$，这样当输入电流在 0～10 mA 量程变化时，输出电压的范围就为 0～5 V；而对于 4～20 mA 输入信号，可取 $R_1＝100\ \Omega$、$R_2＝250\ \Omega$，这样当输入电流为 4～20 mA 时，输出电压的范围就为 1～5 V。

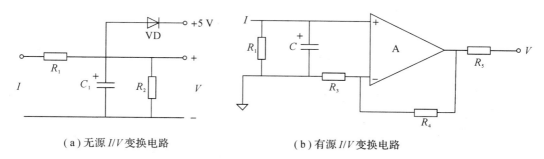

（a）无源 I/V 变换电路　　　　　　　　（b）有源 I/V 变换电路

图 2-3　两种信号处理的变换电路

有源 I/V 变换电路是由有源器件——运算放大器和电阻电容组成，如图 2-3(b)所示。它利用同相放大电路，把电阻 R_1 上的输入电压变成标准输出电压。该同相放大电路的放大倍数为

$$G=\frac{V}{IR_1}=1+\frac{R_4}{R_3} \tag{2-1}$$

若取 $R_1＝200\ \Omega$、$R_3＝100\ \Omega$、$R_4＝150\ \Omega$，则 0～10 mA 的输入电流 I 对应的输出电压 V 是 0～5 V；若取 $R_1＝200\ \Omega$、$R_3＝100\ \text{k}\Omega$、$R_4＝25\ \text{k}\Omega$，则 4～20 mA 的输入电流对应的是 1～5 V 的输出电压。

2.2.2　多路模拟开关

由于计算机的工作速度远远快于被测参数的变化，因此一台计算机系统可供几十个检测回路使用，但计算机在某一时刻只能接收一个回路的信号。所以，必须通过多路模拟开关实现多选一的操作，将多路输入信号依次切换到后级。

目前，计算机控制系统使用的多路开关有两类：一类是机械触点式，例如干簧继电器、水银继电器和机械振子式继电器，目前已很少使用；另一类是电子式开关，例如晶体管、场效应管及可编程集成电路开关等。在这里我们主要介绍常用的集成电路芯片，例如 CD4051（双向、单端、8 路）、CD4052（单向、双端、4 路）、AD7506（单向、单端、16 路）等。所谓双向，就是该芯片既可以完成多到一的切换，也可以完成一到多的切换；而单向则只能完成多到一的切换。双端是指芯片内的一对开关同时动作，从而完成差动输入信号的切换，以满足抑制共模干扰的需要。

下面以常用的 CD4051 为例，介绍 8 路模拟开关的结构原理。CD4051 由电平转换、译码驱动及开关电路 3 部分组成，内部结构如图 2-4(a)所示。C、B、A 为二进制控制输入端，改变 C、B、A 的数值，可以译出 8 种状态；如果选择其中之一，就可选通 8 个通道中对应的一路，使输入/输出接通。当 $\overline{\text{INH}}=1$ 时，通道断开；当 $\overline{\text{INH}}=0$ 时，通道接通。改变图中 IN/OUT 0～IN/OUT 7 及 OUT/IN 的传递方向，则可用作多路开关或反多路开关。其真值表如表 2-1 所示。

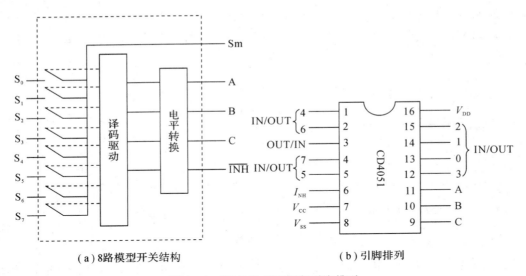

（a）8路模型开关结构   （b）引脚排列

图 2-4 CD4051 原理图与引脚排列

表 2-1 CD4051 真值表

输 入				所选通道
$\overline{INH}$	C	B	A	
0	0	0	0	S_0
0	0	0	1	S_1
0	0	1	0	S_2
0	0	1	1	S_3
0	1	0	0	S_4
0	1	0	1	S_5
0	1	1	0	S_6
0	1	1	1	S_7
1	E	E	E	无

2.2.3 前置放大器

前置放大器通常置于信号源和放大器之间，专为接受微弱信号而设计，它的任务是将模拟输入小信号放大到 A/D 转换的量程范围之内，例如 0~5 V DC。

1. 测量放大器

在工业现场中，从生产现场接受到的传感器信号往往带有较大的共模干扰，单凭一个运放电路的差动输入端难以对其产生足够的抑制。因此，通常情况下 A/D 通道中的前置放大器是由一组运放构成的测量放大器，也称仪表放大器，如图 2-5 所示。经典的测量放大器由 3 个运放组成，呈对称结构，测量放大器的差动输入端 V_{IN+} 和 V_{IN-} 接两个运放 A1、

A2 的同相输入端，具有很高的输入阻抗，而且完全对称地直接与被测信号相连，因而经典的测量放大器有极强的抑制共模干扰能力。

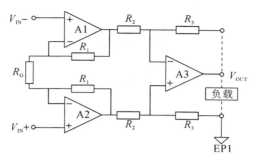

图 2-5 前置放大器

目前，这种测量放大器的集成电路芯片有多种，例如 AD521/522、INA102 等。

2. 可变增益放大器

在 A/D 转换通道中，多路被测信号常常共用一个测量放大器，而各路的输入信号大小往往不同，但都要放大到 A/D 转换器的同一量程范围。如果把图 2-5 中的外接电阻换成电阻网络，使每个电阻支路上有一个开关，那么通过支路开关依次通断就可以改变放大器的增益，进而根据开关支路上的电阻值与增益公式，就可以算得支路开关自上而下闭合时的放大器增益分别为 2 倍、4 倍、8 倍、16 倍、32 倍、64 倍、128 倍、256 倍。

在模拟输入通道中，当多路输入的信号源电平相差较大时，用同一增益放大器去放大高、低电平信号，可能会造成低电平信号测量精度降低，高电平信号超出 A/D 转换器的输入范围。可编程增益放大器是一种通用性强的高级放大器，可以根据需要用程序来改变它的放大倍数。采用可编程增益放大器，可使 A/D 转换器满量程达到均一化，从而提高多路采集的精度。

2.2.4 采样保持器

采样保持器一般用于连接采样器和 A/D 转换器，其作用是在固定时间点读取处理信号的值，并进行放大存储。当某一通道进行 A/D 转换时，由于 A/D 转换需要一定的时间，如果输入信号变化较快，就会引起较大的转换误差。为了保证 A/D 转换的精度，需要应用采样保持器。

零阶保持器是一种用于实现采样点之间插值的元件。它基于时域外推原理，可将离散的采样信号转换成连续信号。它的组成原理电路如图 2-6 所示，由输入/输出缓冲放大器 A1、A2 和采样开关 S、保持电容 C_H 等组成。采样期间，开关 S 闭合，输入电压场通过 A1 对 C_H 快速充电，输出电压 V_{OUT} 跟随 V_{IN} 变化；保持期间，开关 S 断开，由于 A2 的输入阻抗很高，理想情况下电容 C_H 将保持电压 V_C 不变，因而输出电压

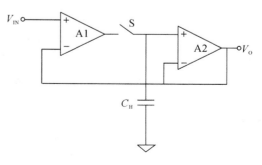

图 2-6 采样保持器

$V_{OUT}=V_C$ 也保持恒定。

显然，保持电容 C_H 的作用十分重要。实际上保持期间的保持电压 V_C 在缓慢下降，这是由于保持电容的漏电流所致。保持电压 V_C 的变化率为

$$\frac{\mathrm{d}V_C}{\mathrm{d}t}=\frac{I_D}{C_H} \tag{2-2}$$

式中，I_D 为保持期间电容的总泄漏电流，它包括放大器的输入电流、开关截止时的漏电流与电容内部的漏电流等；C_H 为保持电容，增大电容 C_H 值虽然可以减小电压变化率，但同时会增加充电时间，即采样时间，因此，保持电容的容量大小与采样精度成正比而与采样频率成反比。一般情况下，保持电容 C_H 为外接，容量为 $510\sim1000$ pF。

2.2.5 A/D 转换器

模拟-数字转换器即 A/D 转换器(简称 ADC)，是模拟量输入通道的核心器件，通常用于将模拟信号转变为数字信号。一般而言，由于封装的存在，用户无需了解其内部电路的细节，但是对于芯片的外部特性及使用方法应该掌握。下面介绍 ADC 的工作原理、性能指标和接口技术。

1. 工作原理

常用的 ADC 有逐位逼近式和双积分式两种。前者转换时间短，为微秒级，常用于工业生产过程的控制；后者转换时间长，为毫秒级，常用于实验室标准测试。

1) 逐位逼近式 A/D 转换原理

逐位逼近式 A/D 转换器主要由逐位逼近寄存器(SAR)、D/A 转换器、电压比较器、时序及控制逻辑等部分组成，采用对分搜索原理来实现 A/D 转换。逐位把设定在 SAR 中的数字量所对应的 D/A 转换器的输出电压与要被转换的模拟电压进行比较，比较时从 SAR 中的最高位开始，逐位确定各数码位是"1"还是"0"，最后 SAR 中的内容就是输入的模拟电压对应的二进制数字代码。其原理如图 2-7 所示。

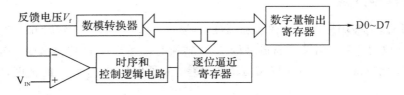

图 2-7 逐位逼近式 A/D 转换原理图

逐位逼近式 A/D 转换器很好地兼顾了速度和精度，在 16 位以下的 A/D 转换器中被广泛使用。其缺点是抗干扰能力不够强，且当信号变化率较高时，会产生较大的线性误差。

此种 A/D 转换器的常用芯片有普通型 8 位单路 ADC0801~ADC0805、8 位 8 路 ADC0808/0809、8 位 16 路 ADC0816/0817 等，以及混合集成高速型 12 位单路 AD574A、ADC803 等。

2) 双积分式 A/D 转换原理

双积分式 A/D 转换原理如图 2-8 所示。在转换开始信号控制下，开关接通模拟输入端，输入的模拟电压 V_{IN} 在固定时间 t 内对积分器上的电容 C 充电(正向积分)，时间一到，

控制逻辑将开关切换到与 V_{IN} 极性相反的基准电源 E 上,此时电容 C 开始放电(反向积分),同时计数器开始计数。当比较器判定电容 C 放电完毕时就输出信号,由控制逻辑停止计数器的计数,并发出转换结束信号。这时计数器所记的脉冲个数与放电时间成正比。放电时间 t_A 或 t_B 又与输入电压 V_{IN} 成正比,即输入电压大,则放电时间长,计数器的计数值越大。因此,计数器计数值的大小反映了输入电压 V_{IN} 在固定积分时间 t 内的平均值。

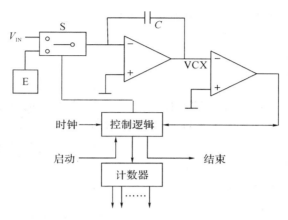

图 2-8　双积分式 A/D 转换原理图

双积分式 A/D 转换器消除干扰及噪声能力强、精度高,但转换速度慢;适用于信号慢变,采样频率要求较低,精度要求较高,干扰严重的情况。

此种 A/D 转换器的常用芯片有输出为 3 位半 BCD 码的 ICL7107、MC14433,输出为 4 位半 BCD 码的 ICL7135 等。

2. 主要性能指标

A/D 转换器的主要性能指标有分辨率、转换时间、转换精度、线性度、转换量程、转换输出等。影响 A/D 转换技术指标的主要因素:工作电源电压不稳定;外接时钟频率不适合;环境温度不适合;与其他器件的电特性不匹配,例如负载过重、外界有强干扰、印制电路板布线不合理。

(1) 分辨率:用于描述 A/D 转换器对微小输入信号的分辨能力,通常用数字输出最低有效位(Least Significant Bit,LSB)所对应的模拟量输入电压值表示。通常把小于 8 位的称为低分辨率,10~12 位的称为中分辨率,14~16 位的称为高分辨率。

(2) 转换时间:从发出转换命令信号到转换结束信号有效的时间间隔,即完成 n 位转换所需的时间。转换时间的倒数即每秒能完成的转换次数称为转换速率。通常把转换时间为毫秒级的称为低速,微秒级的称为中速,纳秒级的称为高速。

(3) 转换精度:有绝对精度和相对精度两种表示方法。其中绝对精度是指满量程输出情况下模拟量输入电压的实际值与理想值之间的差值;相对精度是指在满量程已校准的情况下,整个转换范围内任一数字量输出所对应的模拟量输入电压的实际值与理想值之间的最大差值。转换精度常用 LSB 的分数值来表示,例如 ±1/2 LSB、±1/4 LSB 等。

精度和分辨率是两个不同的概念,精度指转换后所得结果相对于实际值的准确度,而分辨率指的是能对转换结果发生影响的最小输入量。

(4) 线性度:理想 A/D 转换器的输入/输出特性应是线性的,满量程范围内转换的实际特性与理想特性的最大偏移称为线性度，用 LSB 的分数值来表示，例如 ±1/2 LSB、±1/4 LSB 等。

（5）转换量程：所能转换的模拟量输入电压范围，例如 0～5 V、0～10 V、−5～+5 V 等。

（6）转换输出：通常数字输出电平与 TTL 电平兼容，并且为三态逻辑输出。

（7）对基准电源的要求：基准电源的精度将对整个系统的精度产生影响，故选片时应考虑是否要外加精密参考电源等。

3．A/D 转换器选择要点

1）A/D 转换器的位数

A/D 转换器位数的确定与整个测量控制系统所要测量控制的范围和精度有关，但又不能唯一确定系统的精度。估算时，A/D 转换器的位数至少要比总精度要求的最低分辨率高一位。实际选取的 A/D 转换器的位数应与其他环节所能达到的精度相适应。只要不低于它们即可，选得太高不但没有意义，而且价格还要高得多。

2）A/D 转换器的转换速率

积分型、电荷平衡型和跟踪比较型 A/D 转换器转换速度较慢，转换时间从几毫秒到几十毫秒不等，只能构成低速 A/D 转换器，一般运用于对温度、压力、流量等缓变参量的检测和控制。逐位比较型的 A/D 转换器的转换时间可从数微秒到 100 μs，属于中速 A/D 转换器，常被用于工业多通道单片机控制系统和声频数字转换系统等。高速 A/D 转换器适用于雷达、数字通信、实时光谱分析、实时瞬态记录、视频数字转换系统等。

3）是否要加采样保持器

原则上直流和变化非常缓慢的信号可不用采样保持器，其他情况都要加采样保持器。

4）工作电压和基准电压

如果选择使用单 +5 V 工作电压的芯片，与单片机系统可共用一个电源，比较方便。基准电压源是提供给 A/D 转换器在转换时所需要的参考电压，这是保证转换精度的基本条件。在要求较高精度时，基准电压要单独用高精度稳压电源供给。

4．A/D 转换器应用设计的几点实用技术

1）A/D 转换器与 MCS−51 单片机接口逻辑设计

各种型号的 A/D 转换器芯片均设有数据输出、启动转换、控制转换、转换结束等控制引脚。

MCS−51 单片机配置 A/D 转换器的硬件逻辑设计，就是要处理好上述引脚与 MCS−51 主机的硬件连接。A/D 转换器的某些产品，其说明文字注明能直接和 CPU 配接，这是指 A/D 转换器的输出线可直接接到 CPU 的数据总线上。这表明该转换器的数据输出寄存器具有可控的三态输出功能，转换结束，CPU 可用输入指令读入数据。一般 8 位 A/D 转换器均属此类。

对于 10 位以上的 A/D 转换器，为了能和 8 位字长的 CPU 直接配接，研究人员给输出数据寄存器增加了读数控制逻辑电路，把 10 位以上的数据分时读出。对于内部不包含读数控制逻辑电路的 A/D 转换器，在和 8 位字长的 CPU 相连接时，应增设三态门对转换后数据进行锁存，以便控制 10 位以上的数据分两次读取。

A/D 转换器需外部控制启动转换信号方能进行转换，这一启动信号可由 CPU 提供。不同型号的 A/D 转换器，对启动转换信号的要求也不同。A/D 转换器分为脉冲启动和电子控制启动两种。

转换结束信号的处理方法是，由 A/D 转换器内部的转换结束信号触发器置位，并输出转换结束标志电平，以通知主机读取转换结果的数字量。主机可以使用中断、查询或定时 3 种方式从 A/D 转换器读取转换结果数据。

2) 影响 A/D 转换技术指标的主要因素

影响 A/D 转换技术指标的主要因素有以下几种：
(1) 工作电源电压不稳定。
(2) 外接时钟频率不适合。
(3) 环境温度不适合。
(4) 与其他器件的电特性不匹配，例如负载过重。
(5) 外界有强干扰。
(6) 印制电路板的布线不合理。
以上影响因素可通过抗干扰措施来解决。

2.3　模拟量输出通道

模拟量输出通道的任务是把计算机输出的数字量信号转换成模拟量电压或电流信号，以便驱动相应的执行机构，从而达到控制目的。模拟量输出通道一般由接口电路、数/模转换器和电压/电流变换器构成。其核心是数/模转换器，简称 D/A 或 DAC(Digital to Analog Converter)。通常也把模拟量输出通道简称为 D/A 通道或 AO 通道。对该通道的要求除了可靠性高，具备一定的精度外，输出还必须具有保持的功能，以保证被控制对象能可靠地工作。D/A 转换电路集成在一块芯片上，一般用户没有必要了解其内部电路的细节，只要掌握芯片的外特性和使用方法就够了。不过，若不具备一定的基础知识就贸然应用，将会导致意外故障。本节主要讨论 D/A 转换器及其接口，以及模拟量输出通道的结构和设计。

2.3.1　多路模拟量输出通道的结构形式

多路模拟量输出通道的结构形式主要取决于输出保持器的构成方式。输出保持器的作用主要是在新的控制信号到来之前，使本次控制信号保持不变。保持器一般有数字保持方案和模拟保持方案两种。这就决定了模拟量输出通道也有两种基本结构形式。

1. 每个输出通道设置一个 D/A 转换器的结构形式

数字量保持方案如图 2-9 所示。这种结构形式下，一路输出通道使用一个 D/A 转换器，计算机和通路之间通过独立的接口缓冲器传送信息，这是一种数字保持的方案。D/A 转换器芯片内部一般都带有数据锁存器，D/A 转换器可以将数字信号转换为模拟信号，具有信号保持作用。这种结构形式的优点是结构简单，转换速度快，工作可靠，精度较高，通道独立，即使某一路 D/A 转换器发生故障，也不会影响其他通路的工作。其缺点是所需 D/A 转换器芯片较多，但随着大规模集成电路技术的发展，这个缺点正在逐步得到克服。数字量保持方案较易实现。

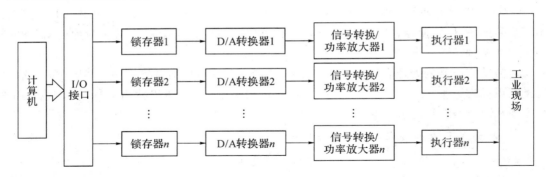

图 2-9　数字量保持方案

2. 多个输出通道共用一个 D/A 转换器的结构形式

模拟量保持方案如图 2-10 所示。多路输出通道共用一个 D/A 转换器，每一路通道都配有一个采样保持放大器，D/A 转换器只起数字信号到模拟信号的转换作用，采样保持器实现模拟信号保持功能。其优点是节省了数/模转换器，缺点是电路复杂、精度差、可靠性低、占用主机时间、要用多路开关，且要求输出采样保持器的保持时间与采样时间之比较大。这种方案的可靠性较差，适用于通道数量多而且速度要求不高的场合。

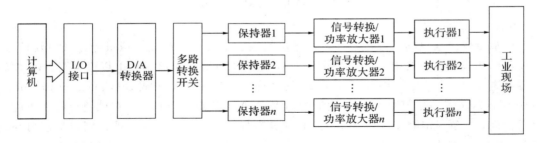

图 2-10　模拟量保持方案

2.3.2　D/A 转换器

为了能正确地使用 D/A 转换器，必须了解它的工作原理、性能指标和引脚功能。

1. D/A 转换器工作原理

D/A 转换器主要由以下几个部分组成：基准电压（电流）；模拟二进制数的位切换开关；产生二进制权电流（电压）的精密电阻网络；提供电流（电压）相加输出的运算放大器（0～10 mA、4～20 mA 或者 TTL、CMOS 等）。转换原理可以归纳为"按权展开，然后相加"。因此，D/A 转换器内部必须要有一个解码网络，以实现按权值分别进行 D/A 转换。解码网络通常有两种：二进制加权电阻网络和 T 型电阻网络。

1）二进制加权电阻网络

图 2-11 为 4 位权电阻网络 D/A 转换器原理图。其中基准电压为 E，$S_1 \sim S_4$ 为晶体管位切换开关，它受二进制各位状态控制。$2^n R$ 为权电阻网络，其阻值与各位权相对应，权越大，电阻越大（电流越小），以保证一定权的数字信号产生相应的模拟电流。

运算放大器的虚地按二进制权的大小和各位开关的状态对电流求和,然后转换成相应的输出电压 U。

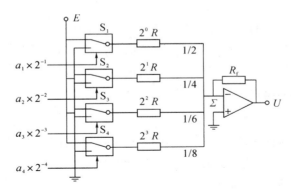

图 2-11　4 位权电阻网络 D/A 转换器原理图

设输入数字量为 D,采用定点二进制小数编码,D 可表示为

$$D = a_1 \cdot 2^{-1} + a_2 \cdot 2^{-2} + \cdots + a_n \cdot 2^{-n} = \sum_{i=1}^{n} a_i \cdot 2^{-i} \qquad (2-3)$$

当 $a_i = 1$ 时,开关接基准电压 E,相应支路产生的电流为 $I_i = E/R_i = 2^{-i} \cdot I$;当 $a_i = 0$ 时,开关接地,相应支路中没有电流。因此,各支路电流可以表示为:$I_i = I \cdot a_i \cdot 2^{-i}$,这里 $I = 2 \cdot E/R$。

运算放大器输出的模拟电压为

$$U = -\sum_{i=1}^{n} I_i \cdot R_f = \sum_{i=1}^{n} I \cdot a_i \cdot 2^{-i} \cdot R_f = -I \cdot R_f \cdot D$$
$$= -\frac{2E}{R} \cdot R_f \cdot (a_1 \cdot 2^{-1} + a_2 \cdot 2^{-2} + \cdots + a_n \cdot 2^{-n}) \qquad (2-4)$$

可见,D/A 转换器的输出电压 U 正比于输入数字量 D,从而实现了数字量到模拟量的转换。其缺点是位数越多,阻值差异越大。

2）T 型电阻网络

图 2-12 为 4 位 T 型电阻网络($R-2R$)D/A 转换器原理图。从节点 a、b、c、d 向右向上看,其等效电阻均为 $2R$。位切换开关受相应的二进制码控制,相应码位为"1",开关接运算放大器虚地;相应码位为"0",开关接地。流经各切换开关的支路电流分别为 $I_{REF}/2$、

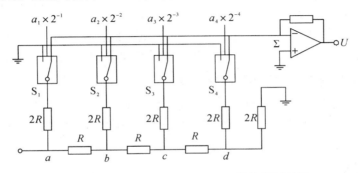

图 2-12　4 位 T 型电阻网络 D/A 转换器原理图

$I_{REF}/4$、$I_{REF}/8$、$I_{REF}/16$，各支路电流在运算放大器的虚地相加，运算放大器的满度输出为

$$U_{FS} = -\left(\frac{1}{2} + \frac{1}{4} + \frac{1}{8} + \frac{1}{16}\right) \cdot I_{REF} \cdot R = -\frac{15}{16} I_{REF} \cdot R \qquad (2-5)$$

这里满度输出电压（流）比基准电压（流）少了 1/16，是端电阻常接地造成的，但是没有端电阻又会引起译码错误。对 n 位 D/A 转换器而言，其输出电压为

$$U = -I_{REF} \cdot R \cdot (a_1 \cdot 2^{-1} + a_2 \cdot 2^{-2} + \cdots + a_n \cdot 2^{-n}) \qquad (2-6)$$

2. D/A 转换器性能指标

1）分辨率

分辨率是指 D/A 转换器能分辨的最小输出模拟增量，即当输入数字发生单位数码变化时所对应输出模拟量的变化量。它取决于能转换的二进制位数，数字量位数越多，分辨率也就越高。分辨率与二进制位数 n 有下列关系：

$$分辨率 = \frac{满刻度值}{2n-1} = \frac{V_{REF}}{2n}$$

2）转换精度

转换精度是指转换后所得的实际值和理论值的接近程度。它和分辨率是两个不同的概念。精度是指转换后所得结果相对于实际值的准确度，而分辨率指的是能对转换结果发生影响的最小输入量。例如，满量程时的理论输出值为 10 V，实际输出值为 9.99～10.01 V，其转换精度为 ±10 mV。对于分辨率很高的 D/A 转换器并不一定具有很高的转换精度。其中，绝对精度是指输入满刻度数字量时，A/D 转换器的实际输出值与理论值之间的最大偏差；相对精度是指在满刻度已校准的情况下，整个转换范围内对应于任一输入数据的实际输出值与理论值之间的最大偏差。转换精度用最低有效位（LSB）的分数来表示，例如 ±1/2 LSB、±1/4 LSB 等。

3）稳定时间

稳定时间是描述 D/A 转换速度快慢的一个参数，指输入二进制数变化量是满刻度时，输出达到离终值 ±1/2 LSB 时所需的时间。显然，稳定时间越大，转换速度越低。对于输出是电流的 D/A 转换器来说，稳定时间是很快的，约几微秒，而对于输出是电压的 D/A 转换器，其稳定时间主要取决于运算放大器的响应时间。

4）线性误差

理想转换特性（量化特性）应该是线性的，但实际转换特征并非如此。在满量程输入范围内，偏离理想转换特性的最大误差定义为线性误差。线性误差常用 LSB 的分数表示，例如 1/2 LSB 或 ±1 LSB。与 A/D 转换器的线性误差定义相同。

3. D/A 与 A/D 转换器的调零和增益校准

大多数转换器都要进行调零和增益校准。一般先调零，然后校准增益，这样零点调节和增益调整之间就不会相互影响。调整步骤：首先在"开关均关闭"的状态下调零，然后再在"开关均导通"的状态下进行增益校准。

1）D/A 转换器的调整

调零：设置一定的代码（全为零），使开关均关闭，然后调节调零电路，直至输出信号为

零或落入适当的读数(±1/10 LSB)范围内为止。

增益校准：设置一定的代码(全 1)，使开关均导通，然后调节增益校准电路，直至输出信号读数与满度值减去一个 LSB 之差小于 1/10 LSB 为止。

2）A/D 转换器的调整

调零：将输入电压精确地置于使"开关均关闭"的输入状态对应的输入值高于 1/2 LSB 的电平上，然后调节调零电路，使转换器恰好切换到最低位导通的状态。

增益校准：将输入电压精确地置于使"开关均导通"的输出状态对应的输入值低于 3/2 LSB 的电平上，然后调节增益校准电路，使输出位于最后一位恰好变成导通之处。

2.3.3　D/A 转换器输出方式

多数 D/A 转换芯片输出的是弱电流信号，要驱动后面的自动化装置，需在电流输出端外接运算放大器。根据不同控制系统自动化装置需求的不同，输出方式可以分为电压输出、电流输出以及自动/手动切换输出等多种方式。

1. 电压输出方式

依据系统要求不同，电压输出方式又可分为单极性输出和双极性输出两种形式。

双极性输出的一般原理如图 2-13 所示。在单极性输出之后，再加一级运算放大器反相输出。

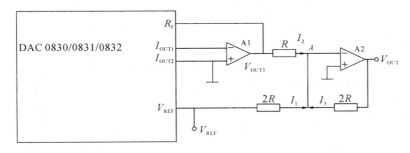

图 2-13　D/A 转换器双极性输出的一般原理

V_{OUT1} 为单极性输出，若 D 为输入数字量，V_{REF} 为基准参考电压，且为 n 位 D/A 转换器，则有

$$V_{OUT1} = -V_{REF} \cdot D \cdot 2^n$$

A1 和 A2 为运算放大器，A 点为虚地，故可得：$I_1 + I_2 + I_3 = 0$，V_{OUT} 为双极性输出，可推导得到

$$V_{OUT} = -\left(\frac{V_{REF}}{2R} + \frac{V_{OUT1}}{R}\right)2R = -(V_{REF} + 2V_{OUT1}) = \left(\frac{D}{2^{n-1}} - 1\right)V_{REF} \tag{2-7}$$

2. 电流输出方式

工业现场的智能仪表和执行器常常要以电流方式传输，这是因为在长距离传输信号时容易引入干扰，而电流传输具有较强的抗干扰能力。因此，许多场合必须设置电压/电流(V/I)转换电路，将电压信号转换成电流信号。电流输出方式一般有两种形式：普通运放 V/I 变换电路和集成转换器 V/I 变换电路。

1）普通运放 V/I 变换电路

经典 V/I 变换电路如图 2-14 所示，从这个电路图可知，其利用电压比较器来实现对输入电压的跟踪，从而保证输出电流为所需值。利用 A1 作比较器，将输入电压与反馈电压进行比较，通过比较器输出电压控制 A2 的输出电压，从而改变晶体管 VT_1 的输出电流 I_L，I_L 的大小又影响参考电压 V_f，这种负反馈的结果使得 $V_i = V_f$，而此时流过负载的电流为

$$I_L = \frac{V_f}{R_P + R_7} = \frac{V_i}{R_P + R_7} \tag{2-8}$$

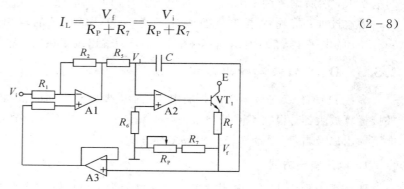

图 2-14 V/I 转换电路

2）集成转换器 V/I 变换电路

ZF2B20 是通过 V/I 变换的方式产生一个与输入电压成比例的输出电流。它的输入电压范围是 0～10 V，输出电流是 4～20 mA（加接地负载），采用单正电源供电，电源电压范围为 10～32 V，它的特点是低漂移，在工作温度为 -25～85℃ 范围内，最大漂移为 0.005%/℃，可用于控制和遥测系统，作为子系统之间的信息传送和连接。ZF2B20 的输入电阻为 10 kΩ，动态响应时间小于 25 μs，非线性小于 ±0.025%。利用 ZF2B20 实现 V/I 转换的电路非常简单，如图 2-15 所示。其中图 2-15(a) 是一种带初值校准的电压为 0～10V、电流为 4～20mA 的转换电路；图 2-15(b) 则是一种带满度校准的电压为 0～10 V、电流为 0～10 mA 的转换电路。

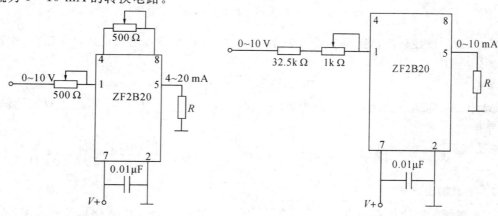

（a）带初值校准的转换电路　　　　（b）带满度校准的转换电路

图 2-15　ZF2B20 实现 V/I 转换的电路

AD694 是另一种集成转换器,适当接线也可使其输出范围为 0～20mA。AD694 的主要特点如下:

(1) 输出范围:4～20 mA,0～20 mA。

(2) 输入范围:0～2 V 或 0～10 V。

(3) 电源范围:+4.5～36 V。

(4) 可与电流输出型 D/A 转换器直接配合使用,实现程控电流输出。

(5) 具有开路或超限报警功能。

3) 自动/手动输出方式

自动/手动输出方式如图 2-16 所示,是在普通运放 V/I 变换电路的基础上,增加了自动、手动切换开关 S_1、S_2、S_3 和手动增减电路与输出跟踪电路。

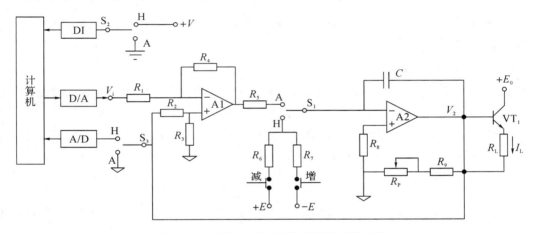

图 2-16　带自动/手动切换的 V/I 变换电路

目的:在计算机出现故障时,可以手动操作。

电路的两个功能:实现 V/I 变换和实现 A/H 切换。

(1) 实现 V/I 变换。当开关 S_1 处于自动位置 A 时,它形成一个比较型电压跟随器,是自动控制输出方式。当 $V_i \neq V_f$ 时,电路能自动地使输出电流增大或减小,最终使 $V_i = V_f$,于是有 $I_L = V_i/(R_9 + R_P)$。

从上式可以看出,只要电阻 $R_9 + R_P$ 稳定性好,A1 和 A2 具有较好的增益,那么该电路就有较高的线性精度。当 $R_9 + R_P = 500\ \Omega$ 或 $250\ \Omega$ 时,I_L 就以 0～10 mA 或 4～20 mA 的直流电流信号线性地对应 V_i 的 0～5 V 或 1～5 V 的直流电压信号。

(2) 能够实现 A/H 切换。当开关 S_1、S_2 和 S_3 都处于 H 位置时,即为手动操作方式,此时运算放大器 A1 和 A2 脱开,A2 成为一个保持型反相积分器。当按下"增"按钮时,V_2 以一定的速率上升,从而使 I_L 也以同样的速率上升;当按下"减"按钮时,V_2 以一定的速率下降,I_L 也就以同样的速率下降。输出电流 I_L 的升降速率取决于 R_6、R_7、C 和电源电压 $\pm E$ 的大小。当两按钮都断开时,由于 A2 为一高输入阻抗保持器,V_2 几乎保持不变,维持输出电流恒定。当开关 S_1、S_2、S_3 都从自动(A)切换为手动(H)时,A2 为保持器。输出电流 I_L 保持不变,实现了自动到手动方向的无扰动切换。

至于从手动到自动的切换,当开关 S_1、S_2、S_3 处于手动方式(H)时,要做到无扰动还必须使图中的输出电路具有输出跟踪功能，即在手动状态下，来自计算机 D/A 电路的自动输入信号 V_i 总等于反映手动输出的信号 V_f（V_f 与 I_L 总是一一对应的）。要达到这个目的，必须有相应的计算机配合，我们把这样的程序称为跟踪程序。跟踪程序的工作过程是这样的：在每个控制周期中，计算机首先由数字量输入通道（DI）读入开关 S_2 的状态，以判断输出电路是处于手动状态还是自动状态。若是自动状态，则程序执行本回路预先规定的控制运算，最终输出 V_i。若为手动状态，则首先由 A/D 转换器读入 V_f，然后原封不动地将该输入数字信号送至调节器的输出单元，再由 D/A 转换器将该数字信号转换为电压信号送至输出电路的输入端 V_i，这样就使 V_i 总与 V_f 相等，处于平衡状态。当开关 S_1 从手动切换到自动时，V_1、V_2 和 I_L 都保持不变，从而实现了手动到自动的无扰动切换。

2.3.4　D/A 转换通道的设计

在 D/A 转换通道的设计过程中，首先要确定使用对象和性能指标，然后选用 D/A 转换器、接口电路和输出电路。

1. D/A 转换器位数的选择

D/A 转换器位数的选择取决于系统输出精度，通常要比执行机构精度要求的最低分辨率高一位；另外还与使用对象有关，一般工业控制用 8～12 位，实验室用 14～16 位。D/A 转换器输出一般都通过功率放大器推动执行机构。设执行机构的最大输入值为 $U_{\min}$，灵敏度为 $U_{\min}$，可得 D/A 转换器的位数：

$$n \geqslant \mathrm{lb}\left(1 + \frac{U_{\max}}{U_{\min}}\right)$$

即 D/A 转换器的输出应满足执行机构动态范围的要求。一般情况下，可选 D/A 位数小于或等于 A/D 位数。

2. D/A 转换模板的通用性

为了便于系统设计者的使用，D/A 转换模板应具有通用性，它主要体现在 3 个方面：符合总线标准、接口地址可选和输出方式可选。

（1）符合总线标准：这里的总线是指计算机内部的总线结构，D/A 转换模板及其他所有电路模板都应符合统一的总线标准，以便设计者在组合计算机控制系统硬件时，只需在总线插槽插上选用的功能模板而无需连线，十分方便灵活。例如，用于工业 PC 的输入/输出模板应符合工业标准体系结构（Industry Standard Architecture，ISA）和外围部件互连（Peripheral Component Interconnection，PCI）总线标准。

（2）接口地址可选：一套控制系统往往需配置多块功能模板，或者同一种功能模板可能被组合在不同的系统中。因此，每块模板应具有接口地址的可选性。一般接口地址可由基址（或称板址）和片址（或称口址）组成。

（3）输出方式可选：为了适应不同控制系统对执行器的不同需求，D/A 转换模板往往把各种电压输出和电流输出方式组合在一起，然后通过短接柱来选定某一种输出方式。

3. D/A 转换模板的设计原则

在设计中，一般没有复杂的参数计算，但需要掌握各类集成电路芯片的外特性及其功能，以及与 D/A 转换模板连接的 CPU 或计算机总线的功能及其特点。在考虑硬件设计的同时还必须考虑软件的设计，并充分利用 CPU 的软件资源。只有做到硬件与软件的合理结合，才能在较少硬件投资的情况下，设计出功能较强的 D/A 转换模板。

D/A 转换模板设计主要考虑以下几点。

（1）安全可靠：尽量选用性能好的元器件，并采用光电隔离技术。

（2）性能/价格比高：既要在性能上达到预定的技术指标，又要在技术路线、芯片元件上降低成本。

（3）通用性：D/A 转换模板应符合总线标准，其接口地址及输出方式应具备可选性。

4．D/A 转换模板的设计实例

D/A 转换模板的设计步骤是：确定性能指标，设计电路原理图，设计和制造印制线路板，最后是焊接和调试电路板。

图 2-17 为 8 路 8 位 D/A 转换模板的结构框图，它是按照总线接口逻辑、I/O 功能逻辑和 I/O 电气接口 3 部分布局电子元器件的。图中，总线接口逻辑部分主要由数据缓冲与地址译码电路组成，完成 8 路通道的分别选通与数据传送；I/O 功能逻辑部分由 8 片 DAC0832 组成，完成数模转换；I/O 电气接口部分由运放与 V/I 变换电路组成，实现电压或电流信号的输出。

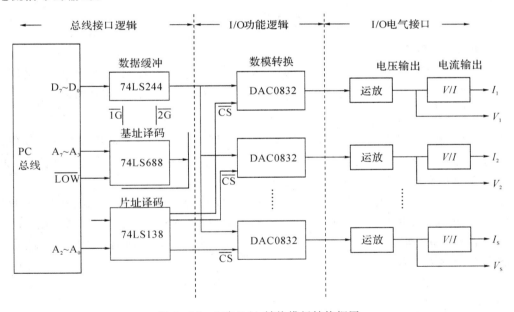

图 2-17 8 路 D/A 转换模板结构框图

设 8 路 D/A 转换的 8 个输出数据存放在内存数据段 BUF0～BUF7 单元中，主过程已装填 DS，8 片 DAC0832 的通道口地址为 38H～3FH，分别存放在从 CH0 开始的 8 个连续单元中。

2.4 数字量输入通道

数字量（开关量）信号是指开关的闭合与断开、指示灯的亮与灭、继电器或接触器的吸合与释放、马达的启动与停止、阀门的打开与关闭等。这些信号的共同特征是以二进制的逻辑"1"和"0"出现，代表生产过程的一个状态。

数字量输入通道简称 DI(Digital Input)通道，其任务是把被控对象的开关状态信号(或数字信号)传送给计算机。

1. 数字量输入通道的结构

数字量输入通道主要由输入缓冲器、输入调理电路、输入地址译码电路等组成，如图 2-18所示。

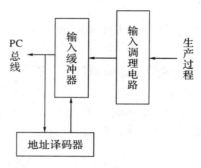

图 2-18　数字量输入通道结构

2. 输入调理电路

为了将外部开关量信号输入到计算机，必须将现场输入的状态信号经转换、保护、滤波、隔离等措施转换成计算机能够接收的逻辑信号，这些功能被称为信号调理。

1) 小功率输入调理电路

图 2-19 所示为从开关、继电器等接点输入信号的电路，将接点的接通和断开动作，转换成 TTL 电平信号与计算机相连。为了清除由于接点的机械抖动而产生的振荡信号，通常采用 RC 滤波电路或 RS 触发电路。

图 2-19 (a)采用的是 RC 滤波电路：闭合 S 时，电容 C 放电，反相器反相为 1；断开 S 时，电容 C 充电，反相器反相为 0。图 2-19 (b)采用的是 RS 触发器电路：当 S 在上时，输出上为 1，下为 0。当 S 按下时，因为键的机械特性，使按键因抖动而产生瞬间不闭合，造成 RS 触发器输入为双 1，故其状态不变。

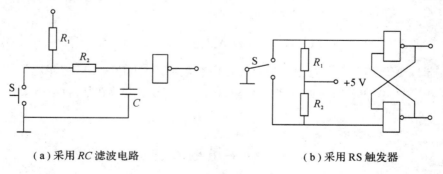

(a)采用RC滤波电路　　　　　　　　(b)采用RS触发器

图 2-19　小功率输入调理电路

2）大功率输入调理电路

在大功率系统中，需要从电磁离合等大功率器件的接点输入信号时，为了使接点工作可靠，接点两端至少要加 24 V 或 24 V 以上的直流电压（因为直流电平的响应快，不易产生干扰，电路又简单）。但是这种电路电压高，容易带有干扰，所以通常采用光电耦合器进行隔离，如图 2-20 所示。

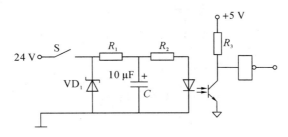

图 2-20　大功率输入调理电路

光电隔离：通常使用一个光耦将电子信号转换为光信号，在另一边再将光信号转换回电子信号。如此，这两个电路就可以互相隔离。

工作原理：当 S 闭合时，光电二极管导通，发光使晶体管导通，经反相器反相为 1；当 S 断开时，光电二极管不导通，晶体管不导通，经反相器反相输出为 0。其中，用 R_1、R_2 进行分压，C 进行滤波，要合理选择参数。

3. DI 接口

DI 接口电路的作用是采集生产过程的状态信息，它包括输入缓冲器和输入口地址译码电路，如图 2-21 所示。用三态门缓冲器 74LS244 取得状态信息，经过端口地址译码，得到片选信号。当执行取指令周期时，产生 I/O 读信号，则被测的状态信息可通过三态门送到 PC 总线工业控制机的数据总线，然后装入 AL 寄存器。

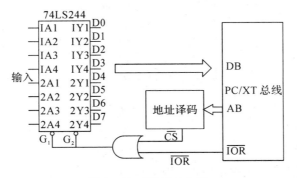

图 2-21　DI 接口电路

2.5　数字量输出通道

数字量输出通道简称 DO（Digital Output）通道，其任务是把计算机输出的数字信号（或开关信号）传送给开关器件（如继电器或指示灯），控制它们的通、断或亮、灭。

1．数字量输出通道的结构

数字量输出通道主要由输出锁存器、输出驱动电路、地址译码电路等组成，如图 2-22 所示。

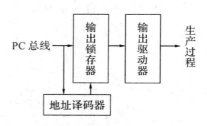

图 2-22　数字量输出通道结构

2．DO 接口

DO 接口电路的作用是，当对生产过程进行控制时，一般控制状态需进行保持，直到下次给出新的值为止，这时输出就要锁存。它包括输出锁存器和接口地址译码，如图 2-23 所示。用 74LS273 作 8 位输出锁存口，对状态输出信号进行锁存。由于 PC 总线工业控制机的 I/O 端口写总线周期时序关系中，总线数据 D0～D7 比 I/O 写前沿（下降沿）稍晚，因此，利用 I/O 写信号的后沿产生的上升沿锁存数据。经过端口地址译码，得到片选信号，当在执行 OUT 指令周期时，产生 I/O 写信号。

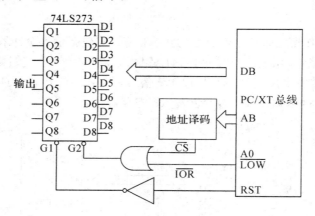

图 2-23　74LS273 与 PC 总线 DO 接口电路

3．输出驱动电路

在数字量输出通道中，关键是驱动，因为从锁存器中出来的是 TTL 电平，驱动能力有限，所以要加上驱动电路。输出驱动电路的功能有两个，一是进行信号隔离，二是驱动开关器件。为了进行信号隔离，可以采用光电耦合器。驱动电路取决于开关器件。

1）小功率直流驱动电路

（1）功率晶体管输出驱动继电器电路。功率晶体管输出驱动继电器电路如图 2-24 所示。继电器包括线圈和触点。因负载呈电感性，所以输出必须加装克服反电势的保护二极管 VD，J 为继电器的线圈。VD 的作用是泄流，通过 VD 放掉 J 上所带的电荷，防止反向击穿。R_1 的作用是限流。TTL 电平为 1 时，晶体管截止，J 不吸合；当 TTL 电平为 0 时，晶体管导通，J 吸合。

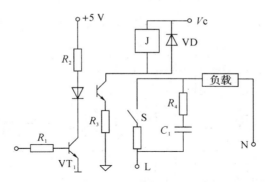

图 2-24　功率晶体管输出驱动继电器电路

　　（2）达林顿阵列输出驱动继电器电路。达林顿晶体管（Darlington Transistor，DT）亦称复合晶体管。它采用复合过接方式，将两只或更多只晶体管的集电极连在一起，而将第一只晶体管的发射极直接耦合到第二只晶体管的基极，依次级联而成，最后引出 E、B、C 三个电极。

　　2）大功率交流驱动电路

　　在图 2-25 所示大功率交流驱动电路中，固态继电器（Solid Stage Relay，SSR）作交流开关使用，零交叉电路在交流电过零时会产生触发信号，可减少干扰。SSR 是一种无触点通断电子开关，是一种有源器件。其中两个端子为输入控制端，另外两个为输出受控端，为实现输入与输出之间的电气隔离，该器件采用了高耐压的专用光电耦合器。SSR 作交流开关，相当于有一个触点，左边是 TTL 电平，为 0~5 V：当 TTL 电平为高时，触点闭合；当 TTL 电平为低时，触点断开。当用计算机来控制电磁阀时，用固态继电器。

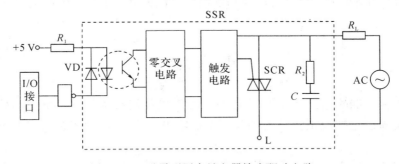

图 2-25　过零型固态继电器输出驱动电路

　　当然，在实际使用中，要特别注意固态继电器的过电流与过电压保护以及浪涌电流的承受等工程问题。在选用固态继电器的额定工作电流与额定工作电压时，一般要选用远大于其实际负载的电流与电压，而且输出驱动电路中仍要考虑增加阻容吸收组件。具体电路与参数请参考生产厂家有关手册。

　　4. DI/DO 模板

　　把上述数字量输入通道或数字量输出通道设计在一块模板上，该模板就叫 DI 模板或

DO 模板，也可统称为数字量 I/O 模板。如图 2-26 所示，数字量 I/O 模板由 PC 总线接口逻辑、I/O 功能逻辑和 I/O 电气接口三部分组成。

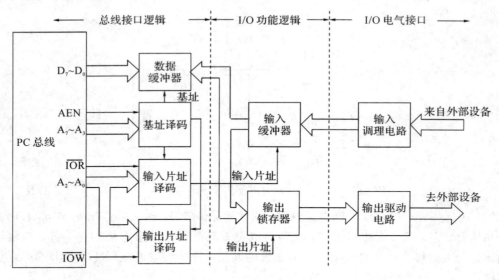

图 2-26　数字量 I/O 模板结构

　　PC 总线接口逻辑部分由 8 位数据总线缓冲器、基址译码器、输入和输出片址译码器组成。I/O 功能逻辑部分只有简单的输入缓冲器和输出锁存器。其中，输入缓冲器起着对外部输入信号的缓冲、加强和选通作用；输出锁存器锁存 CPU 输出的数据或控制信号，供外部设备使用。I/O 缓冲功能可以用可编程接口芯片如 8255A 实现，也可以用 74LS240、74LS244、74LS373、74LS273 等芯片实现。I/O 电气接口部分的功能主要是电平转换、滤波、保护、隔离、功率驱动等。各种数字量 I/O 模板的前两部分大同小异，不同的主要在于I/O 电气接口部分，即输入信号的调理和输出信号的驱动，这是由生产过程的不同需求所决定的。

小　结

　　计算机控制系统的过程输入/输出通道是计算机控制系统的重要组成部分。计算机控制系统的过程通道包括模拟量输入通道、模拟输出通道、数字量输入通道和数字量输出通道。

　　模拟量输入通道的任务，是把检测机构检测的模拟量信号通过 A/D 转换器转换为数字量信号并送入计算机，再由计算机进行处理。模拟量输出通道的任务是把计算机处理后的数字量信号转换成模拟量电压或电流信号，并驱动相应的执行器，从而达到控制的目的。

　　数字量过程通道主要用于处理开关信号和脉冲信号。数字量输入通道主要包括输入调理电路、输入缓冲器、地址译码器。数字量输出通道主要包括输出锁存器、地址译码器和输出驱动器。

习　　题

1. 什么是过程通道？过程通道的组成是怎样的？
2. 模拟量输入/输出通道由哪几部分组成？
3. 画出 A/D 转换器原理框图，并说明 A/D 转换的原理。
4. 画出 D/A 转换器原理框图，并说明 D/A 转换的原理。
5. A/D 转换有哪几种方法？
6. 数字量输入/输出通道由哪几部分组成？
7. 以 CD4051 为例，A、B、C、$\overline{INH}$分别为 1、0、1、0 时，其输出通道为(　　)。
A. S3　　　　　B. S4　　　　　C. S5　　　　　D. S6

第3章 数字程序控制技术

教学提示

数字程序控制是自动控制领域的一个重要方面，它被广泛应用于生产自动化流水线控制、机床控制、运输机械控制等许多工业自动控制系统，其典型的应用就是改造普通机床的控制系统。通常控制的执行机构为步进电机和伺服电机。

教学要求

本章要求掌握数字程序控制的原理及数字程序控制方式、步进电动机的原理和工作方式。了解伺服电机工作原理。

知识结构

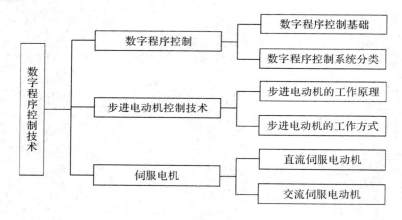

3.1 数字程序控制

3.1.1 数字程序控制基础

1. 数字程序控制

采用数字程序控制系统的机床叫数字程序控制机床，简称数控机床。

数字程序控制系统一般由输入装置、输出装置、控制器、插补器等部分组成。目前，硬件数控系统已经很少采用，多数应用采用计算机数控系统。控制器和插补器功能以及部分输入输出功能都由计算机承担。

数字程序控制系统的插补器用于完成插补计算。插补计算就是按给定的基本数据（例

54

如直线的终点坐标,圆弧的起、终点坐标等)插补(插值)中间坐标数据,从而把曲线形状描述出来的一种计算。插补器实际上是一个函数发生器,能按给定的基本数据产生一定的函数曲线,并以增量形式(例如脉冲)向各坐标连续输出,以控制机床刀具按给定的图形运动。

多年来,在数字程序控制机床中最常采用的插补计算方法是逐点比较插补计算法(简称逐点比较法)和数字积分器插补计算方法(简称数字积分法)。近几年又采用了一些新的插补计算方法,例如时间分割插补计算方法(简称时间分割法)和样条法插补计算方法等。

插补器按功能可以分为平面的直线插补器、圆弧插补器和非圆二次曲线插补器及空间直线和圆弧插补器。因为大部分加工零件图形都可由直线和圆弧两种插补器得到,因此,在数字程序控制系统中直线插补器和圆弧插补器应用最多。

2. 逐点比较插补法

所谓逐点比较插补法,就是它每走一步都要和给定轨迹上的坐标值进行一次比较,看该点是在给定轨迹的上方或下方,还是在给定轨迹的里面或外面,从而决定下一步的进给方向。如果原来在给定轨迹的下方,下一步就向给定轨迹的上方走,如果原来在给定轨迹的里面,下一步就向给定轨迹的外面走……如此,走一步,看一看,比较一次,决定下一步走向,以便逼近给定轨迹,即形成"逐点比较法"插补。

逐点比较法是以阶梯折线来逼近直线或圆弧等曲线的,它与规定的加工直线或圆弧之间的最大误差为一个脉冲当量,因此只要把脉冲当量(每走一步的距离)取得足够小,就可达到加工精度的要求。

3. 运动轨迹插补的基本原理

(1) 将曲线划分成若干段,分段的线段可以是直线或弧线。

(2) 确定各线段的起点和终点坐标值等数据,并送入计算机。

(3) 根据各线段的性质,确定各线段采用的插补方式及插补算法。

(4) 将插补运算过程中定出的各中间点,以脉冲信号的形式去控制 x 和 y 方向上的步进电机,带动刀具加工出所要求的零件轮廓。每个脉冲驱动步进电机走一步为一个脉冲当量(mm/脉冲)或步长,分别用 Δx 和 Δy 来表示,通常取 $\Delta x = \Delta y$。

3.1.2　数字程序控制系统分类

数字程序控制系统的控制类型分为闭环方式和开环方式两种。

1. 闭环数字程序控制

如图 3-1 所示,这种结构的执行机构多采用直流电动机(小惯量伺服电动机和宽调速力矩电动机)作为驱动元件,反馈测量元件采用光电编码器(码盘)、光栅、感应同步器等。

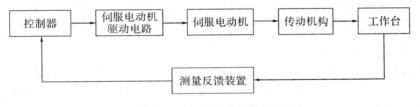

图 3-1　闭环数字程序控制

2. 开环数字程序控制

如图 3-2 所示，这种控制结构没有反馈检测元件，工作台由步进电动机驱动。步进电动机接收步进电动机驱动电路发来的指令脉冲作相应的旋转，把刀具移动到与指令脉冲相当的位置，至于刀具是否到达了指令脉冲规定的位置，不会进行任何检查，因此这种控制的可靠性和精度基本上由步进电动机和传动装置来决定。

图 3-2　开环数字程序控制

由于采用了步进电动机作为驱动元件，使得系统的可控性变得更加灵活，因此开环数字程序控制更易于实现各种插补运算和运动轨迹控制。本章主要讨论开环数字程序控制技术。

3.2　步进电动机控制技术

电动机控制技术是数控技术中最常用的一种控制方法。一个数控机床，它的驱动元件常常是步进电动机。步进电动机早先属于控制电动机，是电动机中比较特殊的一种，它是利用电磁铁的作用原理将电脉冲信号转换为线位移或角位移的机电式数模转换器。它靠脉冲来驱动，其转子的转角与输入的电脉冲数成正比，转速与脉冲频率成正比，运动的方向由步进电动机各相的通电顺序决定。步进电动机具有控制简单、运行可靠、惯性小等优点，主要用于开环数字程序控制系统中。靠步进电动机来驱动的数控系统的工作站或刀具总移动步数决定于指令脉冲的总数，而刀具移动的速度则取决于指令脉冲的频率。很明显，步进电动机不是连续地变化，而是跳跃的、离散的。

3.2.1　步进电动机的工作原理

1. 步进电机的分类

1）反应式步进电机

反应式步进电动机也叫磁阻式步进电动机，其定子、转子均由软磁材料冲制、叠压而成。定子上安装多相励磁绕组，转子上无绕组，转子圆周外表面均匀分布若干齿和槽。定子上均匀分布若干个大磁极，每个大磁极上有数个小齿和槽。

反应式步进电动机相数一般为三相、四相、五相、六相。多段式径向磁路的磁阻式步进电动机是由单段式演变而来的。各相励磁绕组沿轴向分段布置，每段之间的定子齿在径向互相错开 $1/m$ 齿距（m 为相数）。

与单段式相比，多段式结构电机电感小，转动惯量小，动态性能指标高，但电动机的刚度差，制造工艺复杂。多段式轴向磁路的步进电动机其励磁绕组为环形绕组，绕组制造和安装都很方便。定子冲片为内齿状的环形冲片，定子齿数和转子齿数相等。每段之间定子齿在径向依次错开 $1/m$ 齿距，转子齿不错位，后两种结构和其他形式的磁阻式步进电动机目前都已很少采用。

它们的共同特点是:

(1) 定、转子间气隙小,一般为 0.03～0.07 mm。

(2) 步距角小。

(3) 励磁电流大,最高可达 20 A。

(4) 断电时没有定位转矩。

(5) 电动机内阻尼较小,单步运行振荡时间较长。

2) 永磁式步进电动机

转子或定子任何一方具有永磁材料的步进电动机叫永磁式步进电动机。永磁式步进电动机没有永磁材料的一方有励磁绕组,绕组通电后,建立的磁场与永磁材料的恒定磁场相互作用产生电磁转矩,励磁绕组一般为二相或四相。

永磁步进电动机的特点是:

(1) 步距角大,例如 15°、22.5°、45°、90°等。

(2) 相数大多为二相或四相。

(3) 起动频率较低。

(4) 控制功率小,驱动器电压一般为 12 V,电流小于 2 A。

(5) 断电时具有一定的保持转矩。

(6) 动态性能好,输出力矩大,体积较小。

3) 混合式(感应子式)步进电动机

这种电动机最早见于美国专利。其定子和四相磁阻式步进电动机没有区别,只是每极下同时绕有二相绕组或者绕一相绕组用桥式电路的正负脉冲供电。转子上有一个圆柱形磁钢,沿轴向充磁,两端分别放置由软磁材料制成有齿的导磁体并沿圆周方向错开半个齿距。这种步进电动机综合了永磁式和反应式的优点,其定子上有多相绕组,转子上采用永磁材料,转子和定子上均有多个小齿以提高步矩精度。

当某相绕组通以励磁电流后,就会使一端磁极下的磁通增强而使另一端减弱。异性磁极的情况也是同样的,一端增强而另一端减弱。改变励磁绕组通电的相序,产生合成转矩可以使转子转过 1/4 齿距达到稳定平衡位置。

这种步进电动机不仅具有磁阻式步进电动机步距小、运行频率高的特点,还具有输出力矩大、动态性能好、消耗功率小的优点,但结构复杂、成本相对较高,是目前发展较快的一种步进电动机。

它又分为两相和五相,两相步进角一般为 1.8°,而五相步进角一般为 0.72°。最受欢迎的是两相混合式步进电机,约占 97% 以上的市场份额,其原因是性价比高,配上细分驱动器后效果良好。该种电机的基本步矩角为 1.8°/步,配上半步驱动器后,步矩角减小为 0.9°,配上细分驱动器后其步矩角可细分达 256 倍(0.007°)。由于摩擦力和制造精度等原因,实际控制精度略低。同一步进电机可配不同细分的驱动器以改变精度和效果。

2. 步进电动机的结构

图 3-3 是三相反应式步进电动机的结构简图。图中步进电动机由内转子和定子构成。定子上有绕组,这个电动机是三相电动机,所以有 3 对磁极 6 个齿。实际上步进电动机不

仅有三相，还有四相、五相等。三对磁极分别为 AA′、BB′、CC′，通过开关轮流通电。转子上面带齿，为了说明问题，这里只画了 4 个齿（其实一般有几十个齿），相邻两齿对应的角度为齿距角，齿距角 $\theta_z = \dfrac{2\pi}{z} = \dfrac{360°}{z}$，其中 z 是转子齿数。当 $z=4$ 时，$\theta_z = 90°$。

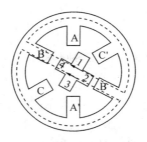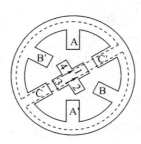

图 3-3　步进电机的结构

3. 工作原理

对于三相步进电动机的 A、B、C 这 3 个开关，每个开关闭合，就会产生一个脉冲，其工作过程如下。

（1）初始状态时，开关 A 接通，则 A 相磁极和转子的 1、3 号齿对齐，同时转子的 2、4 号齿和 B、C 相磁极形成错齿状态。这就相当于初始化。

（2）当开关 A 断开时，B 接通，由于 B 相绕组和转子的 2、4 号齿之间的磁力线作用，将产生一个扭矩，使得转子的 2、4 号齿和 B 相磁极对齐，则转子的 1、3 号齿就和 A、C 相绕组磁极形成错齿状态。

（3）当开关 B 断开时，C 接通，由于 C 相绕组和转子 1、3 号之间的磁力线的作用，使得转子 1、3 号齿和 C 相磁极对齐，这时转子的 2、4 号齿和 A、B 相绕组磁极产生错齿。

（4）当开关 C 断开，A 接通后，由于 A 相绕组磁极和转子 2、4 号齿之间的磁力线的作用，使转子 2、4 号齿和 A 相绕组磁极对齐，这时转子的 1、3 号齿和 B、C 相绕组磁极产生错齿。很明显，这时转子共移动了一个齿距角。

步进电动机的"相"是指绕组的个数，"拍"是指绕组的通电状态。例如，三拍表示一个周期共有 3 种通电状态，六拍表示一个周期有 6 种通电状态，每个周期步进电动机转动一个齿距。如果对一相绕组通电的操作称为一拍，那么对 A、B、C 三相绕组轮流通电就需要三拍。对 A、B、C 三相绕组轮流通电一次叫一个周期。从上面分析看出，该三相步进电动机转子转动一个齿距需要三拍操作。由于按 A→B→C→A 相轮流通电，则磁场沿 A、B、C 方向转动了 360°空间角，而这时转子沿 A→B→C 方向转动了一个齿距的位置。在图 3-3 中，转子的齿数为 4，故齿距角为 90°，转动了一个齿距也即转动了 90°。同样，如果转子有 40 个齿，则转完一个周期是 9°。

输入一个电脉冲信号，转子转过的角度被称为步距角，用 θ_S 表示：

$$\theta_S = \frac{\theta_z}{N} = \frac{360°}{N_z} = \frac{360°}{mKz}$$

式中，z 为转子齿数，N 为步进电动机工作拍数，$N=mK$，m 为定子绕组相数，K 为与通电方式有关的系数，单相通电方式时 $K=1$，单、双相通电方式时 $K=2$。

对于步进电动机的三相单三拍工作方式，每切换一次通电状态，转子转过的角度为 1/3

齿距角，即 $\theta_S = 30°$，经过一个周期，转子走了 3 步，转过一个齿距角。

3.2.2　步进电动机的工作方式

　　步进电动机有三相、四相、五相、六相等多种，为了分析方便，我们仍以三相步进电动机为例进行分析和讨论。步进电动机可工作于单相通电方式，也可工作于双相通电方式和单相、双相交叉通电方式。选用不同的工作方式，可使步进电动机具有不同的工作性能，例如减小步距、提高定位精度和工作稳定性等。对于三相步进电动机则有单相三拍(简称单三拍)工作方式、双相三拍(简称双三拍)工作方式、三相六拍工作方式。

　　假设用计算机输出接口的每一位控制一相绕组，例如将计算机数据线的 D0、D1、D2分别接到步进电动机的 A、B、C 三相。以三相步进电动机为例，有以下 3 种工作方式。

　　(1) 单三拍工作方式，各相通电顺序为：正向旋转，A→B→C→A；反向旋转，A→C→B→A。其数学模型如表 3-1 所示。

表 3-1　单三拍数学模型

步序	控 制 位								工作状态	控制模型
	D7	D6	D5	D4	D3	D2	D1	D0		
						C 相	B 相	A 相		
1	0	0	0	0	0	0	0	1	A	01H
2	0	0	0	0	0	0	1	0	B	02H
3	0	0	0	0	0	1	0	0	C	04H
4	0	0	0	0	0	0	0	1	A	01H

　　(2) 双三拍工作方式，各相通电顺序为：正向旋转，AB→BC→CA→AB；反向旋转，AC→CB→BA→AC。其数学模型如表 3-2 所示。

表 3-2　双三拍数学模型

步序	控 制 位								工作状态	控制模型
	D7	D6	D5	D4	D3	D2	D1	D0		
						C 相	B 相	A 相		
1	0	0	0	0	0	0	1	1	AB	03H
2	0	0	0	0	0	1	1	0	BC	06H
3	0	0	0	0	0	1	0	1	CA	06H
4	0	0	0	0	0	0	1	1	AB	03H

　　(3) 三相六拍工作方式，各相通电顺序为：正向旋转，A→AB→B→BC→C→CA→A；反向旋转，A→AC→C→CB→B→BA→A。其数学模型如表 3-3 所示。

表 3－3　三相六拍数学模型

步序	控制位								工作状态	控制模型
	D7	D6	D5	D4	D3	D2	D1	D0		
						C相	B相	A相		
1	0	0	0	0	0	0	0	1	A	01H
2	0	0	0	0	0	0	1	1	AB	03H
3	0	0	0	0	0	0	1	0	B	02H
4	0	0	0	0	0	1	1	0	BC	06H
5	0	0	0	0	0	1	0	0	C	04H
6	0	0	0	0	0	1	0	1	CA	05H

3.3　伺 服 电 机

能把电压信号转为电动机转轴上的机械角位移或角速度的变化的电机被称为伺服电机，又称执行电动机。

伺服电机的功能：信号到来之前，转子静止；信号来到之后，转子立即转动；当信号消失，转子即时停转。

自动控制系统对伺服电动机的基本要求是：

（1）宽广的调速范围，机械特性和调节特性均为线性。

（2）快速响应性好，信号变化时，电动机转子能迅速从一种状态过渡到另一种状态。

（3）灵敏度要高，即在很小的控制电压信号作用下，伺服电动机就能起动运转。

（4）无自转现象。所谓自转现象，就是转动中的伺服电动机在控制电压为零时继续转动的现象；无自转现象就是控制电压降到零时，伺服电机立即自行停转。

按控制电压分类，伺服电动机可分为直流伺服电动机和交流伺服电动机。

3.3.1　直流伺服电动机

1. 基本结构与工作原理

1）基本结构

直流伺服电动机分为电磁式和永磁式。电磁式的磁场由励磁电流通过励磁绕组产生，永磁式的磁场由永磁铁产生。为了提高快速响应能力，必须减小转动惯量。伺服电动机的电枢通常被做成盘形或空心杯形，使其具有转子轻、转动惯量小的特点。

2）工作原理

电磁式有两种控制转速的方式：电枢控制和磁场控制。电枢控制为励磁场绕组加恒定励磁电压，电枢绕组加控制电压；磁场控制为电枢励绕组加恒定电压，磁场绕组加控制电压。永磁式只有电枢控制一种。

电枢控制的主要优点是：没有控制信号时，电枢电流等于零，电枢中没有损耗，只有不大的励磁损耗。磁场控制电枢损耗大，性能较差，其优点是控制功率小，仅用于小功率电动机中。自动控制系统中多采用电枢控制方式，因此本节只分析电枢控制方式的直流伺服电动机。

2. 控制特性

1）机械特性

直流伺服电动机的机械特性指励磁电压恒定，电枢的控制电压 U_c 为一个定值时，电动机的转速和电磁转矩 T 之间的关系，即 $U_c =$ 常数时的 $n = f(T)$，如图 3-4 所示。直流伺服电动机的机械特性为

$$n = \frac{U_c}{C_e \Phi} - \frac{R}{C_e C_T \Phi^2} T$$

式中：n 为转速；Φ 为气隙磁通；C_e 为电动势常数；C_T 为转矩常数。

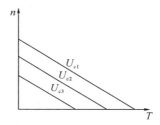

图 3-4　直流伺服电动机的机械特性

2）调节特性

直流伺服电动机的调节特性指电磁转矩恒定时，电机的转速随控制电压的变化关系，即 $T =$ 常数时的 $n = f(U_c)$。调节特性又称控制特性。图 3-5 是直流伺服电动机调节特性。

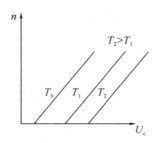

图 3-5　直流伺服电动机的调节特性

一般把调节特性上横坐标从零到起动电压这一范围称为失灵区。在失灵区以内，即使电枢有外加电压，电动机也转不起来。显见，失灵区的大小与负载转矩成正比，负载转矩越大，失灵区也越大。

3. 直流伺服电动机的特点

优点是起动转矩大、反应速度快、机械特性线性度好、低速稳定性好、调速范围大；常被用于位置、速度控制精度要求较高的系统，特别是可作为力矩电动机在低转速、高转矩的情况下使用。

缺点是电刷和换向器之间的火花会产生无线电干扰信号，维修比较困难。

3.3.2　交流伺服电动机

交流伺服电动机一般是两相交流异步电动机，由定子和转子两部分组成。交流伺服电动机的转子有笼型和杯型两种。转子电阻都做得比较大，目的是当控制绕组不加电压时，转子在转动时产生制动转矩，从而及时制动，防止自转，即无惯性。

交流伺服电动机的控制方式有三种，分别是幅值控制、相位控制和幅值-相位控制。

（1）幅值控制。始终保持控制电压和励磁电压之间的相位差不变，仅仅改变控制电压的幅值或改变励磁电压的幅值，或者同时改变二者的幅值，来改变交流伺服电动机的转速，这种控制方式称为幅值控制。图 3-6 是幅值控制的原理图。

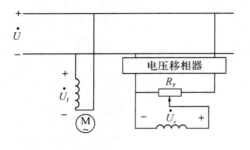 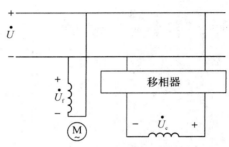

图 3-6　幅值控制的原理图　　　　　　图 3-7　相位控制的原理图

（2）相位控制。保持控制电压和励磁电压的幅值为额定值不变，仅改变控制电压与励磁电压的相位差来改变交流伺服电动机转速，这种控制方式称为相位控制。图 3-7 为相位控制的原理图。

（3）幅值-相位控制。幅值-相位控制是指对幅值和相位差都进行控制，通过改变控制电压的幅值及控制电压与励磁电压的相位差来控制伺服电动机的转速。图 3-8 为幅值-相位控制的原理图。

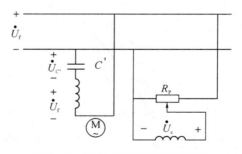

图 3-8　幅值-相位控制的原理图

小　　结

数字程序控制是计算机控制中一种典型的控制形式，在工业生产中有广泛的应用，其中数字控制机床是其代表。本章介绍了数字程序控制的概念及其组成形式，步进电动机的工作原理及工作方式控制，伺服电机工作原理。

数字程序控制系统主要分为开环数字控制和闭环数字控制两种形式。闭环数字控制结构复杂，难于调整和维护，主要用于对精度要求较高的系统；开环数字控制具有结构简单、成本低、可靠性高、易于调整和维护等特点，因而被广泛采用。

步进电动机是数字程序控制系统中最常见的驱动部件，具有快速起停、精度高、能接收数字量信号等特点。

伺服电机是把电压信号转为电动机转轴上的机械角位移或角速度的变化的电动机，又称执行电动机。伺服电机的功能为信号到前转子静止；信号到后转子立即转动；信号消失转子即停。伺服电动机可分为直流伺服电动机和交流伺服电动机。直流伺服电动机起动转矩大、反应速度快、机械特性线性度好、低速稳定性好、调速范围大；常被用于对位置、速度控制精度要求较高的系统，特别是可作为力矩电动机在低转速、高转矩的情况下使用。交流电动机一般是两相交流异步电动机，由定子和转子两部分组成。交流伺服电动机的转子有笼型和杯型两种。转子电阻都做得比较大，目的是在控制绕组不加电压时产生制动转矩制动，防止自转，即无惯性。

习　题

1. 什么是数字程序控制？数字程序控制有哪几种方式？
2. 数字程序控制系统的分类有哪些？
3. 三相步进电动机的工作方式包括（　　　）。
A. 单三拍　　　　　　　　B. 双三拍　　　　　　　　C. 三相六拍
4. 简述三相步进电动机的工作原理。
5. 简述直流伺服电动机的工作原理。

第4章 计算机控制系统的数学模型

在计算机控制系统中，控制器由计算机代替。由于计算机处理的是数字信号，而一次仪表测量的是模拟信号如速度、压力、流量、液位等，而计算机控制系统又是在离散时刻起控制作用的，所以想要对输入计算机的数字信号进行运算和处理，就要先将连续的模拟信号离散化，即经过采样、量化，然后编码成数字量。为了更好、更方便地对实际系统进行研究、分析和控制，普遍采用的一种富有成效的方法是模型法。在连续系统中，表示输入信号和输出信号关系的数学模型用微分方程和传递函数来描述；在离散系统中，则用差分方程、脉冲传递函数和离散状态空间表达式来描述。在计算机控制系统中常用的数学模型主要有：以微分方程或差分方程形式表达的时域模型、以传递函数形式表达的频域模型、系统方框图以及现代控制理论中常用的状态空间模型。本章主要介绍这几种常用数学模型的形式及建立、分析方法，为分析和设计计算机控制系统打下基础。

通过本章的学习，要求掌握计算机控制系统的时域模型和频域模型，以及计算机控制系统的状态空间模型。

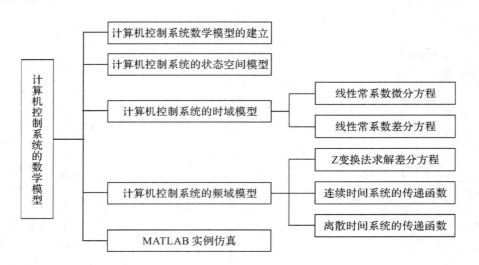

4.1　计算机控制系统数学模型的建立

系统的模型有物理模型和数学模型之分。物理模型是指由物理性能已知的器件组合起来的一种具有与系统实体相似性质的模型。所谓数学模型，就是对于现实世界的一个特定问题，为了某种目的，根据其内在规律，通过必要的抽象简化，运用适当的数学工具，得到的一个数学结构。通俗地说，数学模型就是描述实际问题某方面规律的数学公式、图形或算法。随着计算机技术的迅速发展和在控制系统中的广泛应用，数学模型越来越受到重视，控制系统的分析与设计主要是建立在数学模型的基础之上的。

数学模型与数学建模是用数学描述、解决实际问题的产物。数学建模是利用数学方法解决实际问题的一种实践，即通过深入了解元件及系统的动态特性，经过抽象、简化、假设等处理过程后，将实际问题用数学方式表达，建立起数学模型，然后运用先进的数学方法及计算机技术进行求解。

数学建模其实并不是新产物，可以说只要有了数学并需要用数学去解决实际问题，就一定要用数学的语言、方法去近似地刻画该实际问题。这种刻画的数学表述就是一个数学模型，其过程就是数学建模的过程。

任何元件或系统实际上都是很复杂的，难以对它作出精确、全面的描述，必须进行简化或理想化。简化后的元件或系统为该元件或系统的物理模型。简化是有条件的，要根据问题的性质和求解的精确要求来确定出合理的物理模型。

数学建模通常有两种不同的方法：分析法和实验法。分析法是系统地应用现有的科学理论与定律，对系统各部分的运动机理进行分析，并进一步按照系统中各组成部分之间的相互关系来获得数学模型的方法。各种物理规律、化学规律以及其他科学理论的合理应用是分析法建模的基础。实验法则是在一组假想或假设的模型中，需要人为地施加某种测试信号，并记录基本输出响应，才能求得与系统实测数据吻合最好的模型的建模方法，因此也称系统辨识。

1. 分析法

分析法建立系统数学模型的一般步骤如下：

（1）建立物理模型。

（2）列写原始方程，利用适当的物理定律，例如牛顿定律、基尔霍夫电流和电压定律、能量守恒定律等。

（3）选定系统的输入量、输出量及状态变量（仅在建立状态模型时要求），消去中间变量，建立适当的输入/输出模型或状态空间模型。

2. 实验法

实验法即基于系统辨识的建模方法，其步骤如下：

（1）已知知识和辨识目的。

（2）实验设计：选择实验条件。

（3）模型阶次选择：选择适合于应用的适当的阶次。

（4）参数估计：常采用最小二乘法进行参数估计。

（5）模型验证：将实际输出与模型的计算输出进行比较，系统模型需保证两个输出之间在选定意义上接近。

无论是分析法还是实验法建立的系统数学模型，其根本在于对系统实体的了解。通常情况下，人们不可能一下子对系统实体认识得很全面、很深刻，因此，系统数学建模是一个不断建立、不断修改、不断完善的过程。

4.2　计算机控制系统的状态空间模型

系统的状态空间模型对系统进行描述是通过输入信号会导致系统状态改变，而系统状态的改变则会导致系统输出的改变。因此，通过对系统状态的描述即可实现对系统特性的表征。利用状态空间模型对系统进行描述和分析的方法被称为状态空间法。由于这种方法的着眼点在于系统的内部，因此也被称为内部描述方法。

与状态空间模型有关的基本概念主要有状态变量、状态矢量、状态空间、状态方程、输出方程、状态空间表达式等。

1. 状态变量

足以完全表征系统运动状态的最小个数的一组变量为状态变量。一个 n 阶微分方程描述的系统就有 n 个独立变量。当这 n 个独立变量的时间响应都求得时，系统的运动状态也就揭示无遗了。因此，可以说该系统的状态变量就是 n 阶系统的 n 个独立变量。

同一个系统，究竟选取哪些变量作为独立变量，这是不唯一的，重要的是这些变量应该是相互独立的，且其个数应等于微分方程的阶数；又由于微分方程的阶数唯一地取决于系统中独立储能元件的个数，因此状态变量的个数应等于系统独立储能元件的个数。

众所周知，n 阶微分方程式要有唯一确定的解，必须要知道 n 个独立的初始条件。很明显，这 n 个独立变量的初始条件就是一组状态变量在初始时刻 t_0 的值。

综上所述，状态变量是既足以完全确定系统运动状态而且个数又是最小的一组变量，当其在 $t=t_0$ 时刻的值已知时，则在给定 $t \geqslant t_0$ 时刻的输入作用下，便能完全确定系统在任何时刻的行为。

2. 状态矢量

如果 n 个状态变量用 $x_1(t)$，$x_2(t)$，$x_3(t)$，$\cdots$，$x_n(t)$ 表示，并把这些状态变量看作是矢量 $x(t)$ 的分量，则 $x(t)$ 就被称为状态矢量，记作：

$$x(t) = \begin{bmatrix} x_1(t) \\ x_2(t) \\ \vdots \\ x_n(t) \end{bmatrix} \quad 或 \quad x^{\mathrm{T}}(t) = [x_1(t), x_2(t), \cdots, x_n(t)]$$

3. 状态空间

以状态变量 $x_1(t)$，$x_2(t)$，$\cdots$，$x_n(t)$ 为坐标轴构成的 n 维空间称为状态空间。在特定时刻 t，状态矢量 $x(t)$ 是状态空间中的一点。已知初始时刻 t_0 的状态为 $x(t_0)$，就可得到状态空间中的一个初始点。随着时间的推移，$x(t)$ 将在状态空间中描绘出一条轨迹，称为状态轨线。状态矢量的状态空间表示，将矢量的代数表示和几何概念联系起来了。

4．状态方程

由系统的状态变量构成的一阶微分方程组被称为系统的状态方程。

以图 4-1 所示的 RLC 电路网络为例，说明如何用状态变量描述这一系统。

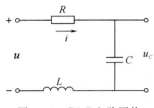

图 4-1　RLC 电路网络

此系统有两个独立储能元件即电容 C 和电感 L，所以应有两个状态变量。状态变量的选取原则上是任意的，但考虑到电容的储能与其两端的电压 u_C 直接相关，电感的储能与流经它的电流 i 直接相关，故通常就以 u_C 和 i 作为此系统的两个状态变量。

根据电学原理，可写出两个含有状态变量的一阶微分方程：

$$C\frac{\mathrm{d}u_C}{\mathrm{d}t}=i$$

$$L\frac{\mathrm{d}i}{\mathrm{d}t}+Ri+u_C=u$$

即

$$\begin{cases} \dot{u}_C=\dfrac{1}{C}i \\[2mm] \dot{i}=-\dfrac{1}{L}u_C-\dfrac{R}{L}i+\dfrac{1}{L}u \end{cases} \tag{4-1}$$

式(4-1)就是图 4-1 系统的状态方程，式中若将状态变量用一般符号 x_i 表示，即令 $x_1=u_C$，$x_2=i$，并写成矢量矩阵形式，则状态方程为

$$\begin{bmatrix} \dot{x}_1 \\ \dot{x}_2 \end{bmatrix}=\begin{bmatrix} 0 & \dfrac{1}{C} \\[2mm] -\dfrac{1}{L} & -\dfrac{R}{L} \end{bmatrix}\begin{bmatrix} x_1 \\ x_2 \end{bmatrix}+\begin{bmatrix} 0 \\[1mm] \dfrac{1}{L} \end{bmatrix}u \tag{4-2}$$

或

$$\dot{\boldsymbol{x}}=\boldsymbol{Ax}+\boldsymbol{b}u$$

式中

$$\boldsymbol{x}=\begin{bmatrix} x_1 \\ x_2 \end{bmatrix},\ \boldsymbol{A}=\begin{bmatrix} 0 & \dfrac{1}{C} \\[2mm] -\dfrac{1}{L} & -\dfrac{R}{L} \end{bmatrix},\ \boldsymbol{b}=\begin{bmatrix} 0 \\[1mm] \dfrac{1}{L} \end{bmatrix}$$

5．输出方程

在指定系统输出的情况下，该输出与状态变量间的函数关系式被称为系统的输出方程。例如在图 4-1 系统中，指定 $x_1=u_C$ 作为输出，输出一般用 y 表示，则有

$$y=u_C$$

或

$$y = x_1 \tag{4-3}$$

式(4-3)就是图4-1系统的输出方程,它的矩阵表达式为

$$\boldsymbol{y} = \begin{bmatrix} 1 & 0 \end{bmatrix} \begin{bmatrix} x_1 \\ x_2 \end{bmatrix}$$

或

$$\boldsymbol{y} = \boldsymbol{cx} \tag{4-4}$$

式中

$$\boldsymbol{c} = \begin{bmatrix} 1 & 0 \end{bmatrix}$$

6. 状态空间表达式

状态方程和输出方程综和起来构成对系统动态行为的完整描述,被称为系统的状态空间表达式,式(4-2)和式(4-4)就是图4-1系统的状态空间表达式。

在经典控制理论中,通常用指定某个输出量的高阶微分方程来描述系统的动态方程。如图4-1所示的系统,在以 u_C 作输出时,从式(4-1)消去中间变量 i,得到的二阶微分方程为

$$\ddot{u}_C + \frac{R}{L}\dot{u}_C + \frac{1}{LC}u_C = \frac{1}{LC}u \tag{4-5}$$

其相应的传递函数为

$$\frac{u_C(s)}{u(s)} = \frac{\dfrac{1}{LC}}{s^2 + \dfrac{R}{L}s + \dfrac{1}{LC}} \tag{4-6}$$

如果要从高阶微分方程或传递函数求取状态方程,即分解为多个一阶微分方程,那么此时的状态方程可以有无穷多种形式,这是由于状态变量的选取可以有无穷多种。这种状态变量的非唯一性,归根到底是由系统结构的不确定性造成的。这个问题下面将论及,此处暂不多述。

回到式(4-5)或式(4-6)的二阶系统,若改选 u_C 和 $\dot{u}_C$ 作为两个状态变量,即令 $x_1 = u_C$,$x_2 = \dot{u}_C$,则得一阶微分方程组为

$$\begin{cases} \dot{x}_1 = x_2 \\ \dot{x}_2 = -\dfrac{1}{LC}x_1 - \dfrac{R}{L}x_2 + \dfrac{1}{LC}u \end{cases} \tag{4-7}$$

即

$$\dot{\boldsymbol{x}} = \begin{bmatrix} 0 & 1 \\ -\dfrac{1}{LC} & -\dfrac{R}{L} \end{bmatrix} \boldsymbol{x} + \begin{bmatrix} 0 \\ \dfrac{1}{LC} \end{bmatrix} u \tag{4-8}$$

比较式(4-8)和式(4-2),显而易见,同一系统中,状态变量选取不同,状态方程也不同。

从理论上说,并不要求状态变量在物理上一定是可以测量的,但在工程实践上,仍以选取那些容易测量的量作为状态变量为宜,因为在最优控制中,往往需要将状态变量作为反馈量。

设单输入-单输出定常系统的状态变量为 $x_1(t), x_2(t), \cdots, x_n(t)$,则状态方程的一般形式为

$$\begin{cases} \dot{x}_1 = a_{11}x_1 + a_{12}x_2 + \cdots + a_{1n}x_n + b_1 u \\ \dot{x}_2 = a_{21}x_1 + a_{22}x_2 + \cdots + a_{2n}x_n + b_2 u \\ \quad\vdots \\ \dot{x}_n = a_{n1}x_1 + a_{n2}x_2 + \cdots + a_{nn}x_n + b_n u \end{cases}$$

输出方程则有以下形式：

$$y = c_1 x_1 + c_2 x_2 + \cdots + c_n x_n$$

用矢量的矩阵表示时的状态空间表达式则为

$$\begin{cases} \dot{x} = Ax + bu \\ y = cx \end{cases} \tag{4-9}$$

式中，$x = \begin{bmatrix} x_1 \\ x_2 \\ \vdots \\ x_n \end{bmatrix}$，为 n 维状态矢量；

$A = \begin{bmatrix} a_{11} & a_{12} & \cdots & a_{1n} \\ a_{21} & a_{22} & \cdots & a_{2n} \\ \vdots & \vdots & & \vdots \\ a_{n1} & a_{n2} & \cdots & a_{nn} \end{bmatrix}$，为系统内部状态的联系，被称为系统矩阵，为 $n \times n$ 方阵；

$b = \begin{bmatrix} b_1 \\ b_2 \\ \vdots \\ b_n \end{bmatrix}$，为输入对状态的作用，被称为输入矩阵或控制矩阵，这里为 $n \times 1$ 的列阵；

$c = (c_1, c_2, \cdots, c_n)$，为输出矩阵，这里为 $n \times 1$ 的行阵。

对于一个复杂系统，具有 r 个输入，m 个输出，此时状态方程变为

$$\begin{cases} \dot{x}_1 = a_{11}x_1 + a_{12}x_2 + \cdots + a_{1n}x_n + b_{11}u_1 + b_{12}u_2 + \cdots + b_{1r}u_r \\ \dot{x}_2 = a_{21}x_1 + a_{22}x_2 + \cdots + a_{2n}x_n + b_{21}u_1 + b_{22}u_2 + \cdots + b_{2r}u_r \\ \quad\vdots \\ \dot{x}_n = a_{n1}x_1 + a_{n2}x_2 + \cdots + a_{nn}x_n + b_{n1}u_1 + b_{n2}u_2 + \cdots + b_{nr}u_r \end{cases}$$

至于输出方程，不仅是状态变量的组合，而且是在特殊情况下，还可能有输入矢量的直接传递，因而有以下的一般形式：

$$\begin{cases} y_1 = c_{11}x_1 + c_{12}x_2 + \cdots + c_{1n}x_n + d_{11}u_1 + d_{12}u_2 + \cdots + d_{1r}u_r \\ y_2 = c_{21}x_1 + c_{22}x_2 + \cdots + c_{2n}x_n + d_{21}u_1 + d_{22}u_2 + \cdots + d_{2r}u_r \\ \quad\vdots \\ y_m = c_{m1}x_1 + c_{m2}x_2 + \cdots + c_{mn}x_n + d_{m1}u_1 + d_{m2}u_2 + \cdots + d_{mr}u_r \end{cases}$$

因而多输入-多输出系统状态空间表达式的矢量矩阵形式为

$$\begin{cases} \dot{x} = Ax + Bu \\ y = Cx + Du \end{cases} \tag{4-10}$$

式中，x 和 A 为同单输入系统，分别为 n 维状态矢量和 $n \times n$ 系统矩阵；

$$\boldsymbol{u} = \begin{bmatrix} u_1 \\ u_2 \\ \vdots \\ u_r \end{bmatrix},$$ 为 r 维输入（或控制）矢量；

$$\boldsymbol{y} = \begin{bmatrix} y_1 \\ y_2 \\ \vdots \\ y_m \end{bmatrix},$$ 为 m 维输出矢量；

$$\boldsymbol{B} = \begin{bmatrix} b_{11} & b_{12} & \cdots & b_{1r} \\ b_{21} & b_{22} & \cdots & b_{2r} \\ \vdots & \vdots & & \vdots \\ b_{n1} & b_{n2} & \cdots & b_{nr} \end{bmatrix},$$ 为 $n \times r$ 维输入（或控制）矩阵；

$$\boldsymbol{C} = \begin{bmatrix} c_{11} & c_{12} & \cdots & c_{1n} \\ c_{21} & c_{22} & \cdots & c_{2n} \\ \vdots & \vdots & & \vdots \\ c_{m1} & c_{m2} & \cdots & c_{mn} \end{bmatrix},$$ 为 $m \times n$ 输出矩阵；

$$\boldsymbol{D} = \begin{bmatrix} d_{11} & d_{12} & \cdots & d_{1r} \\ d_{21} & d_{22} & \cdots & d_{2r} \\ \vdots & \vdots & & \vdots \\ d_{m1} & d_{m2} & \cdots & d_{mr} \end{bmatrix},$$ 为 $m \times r$ 直接传递矩阵。

4.3　计算机控制系统的时域模型

计算机控制系统的时域模型主要以微（差）分方程的形式表达，建立在传递函数基础之上，也称输入/输出描述法。其中，微分方程是连续时间系统数学模型的最基本表达形式，N 阶线性常系数微分方程的基本形式为

$$\sum_{k=0}^{N} a_k \frac{\mathrm{d}^k}{\mathrm{d}t^k} y(t) = \sum_{k=0}^{M} b_k \frac{\mathrm{d}^k}{\mathrm{d}t^k} x(t) \tag{4-11}$$

相应地，差分方程是离散时间系统数学模型的最基本表达形式，N 阶线性常系数差分方程的基本形式为

$$\sum_{k=0}^{N} a_k y(n-k) = \sum_{k=0}^{M} b_k x(n-k) \tag{4-12}$$

4.3.1　线性常系数微分方程

在计算机控制系统中往往存在储能元件（电容、电感）、惯性元件（质量、电感）、容性元件（电容、热容）等，考虑到物理系统输入/输出间的因果关系，其数学模型的阶次等于系统中独立储能元件的个数。组成系统的元件或多或少地存在着非线性特性，实际意义上纯粹的线性系统是不存在的，对非本质的非线性特性需要进行线性化处理，即线性近似。比较

简单常用的线性近似法就是小偏差线性化：若系统在工作点 A 附近很小的范围内工作，就以 A 点处的切线来代替该范围内很小一段曲线。工作点不同，则线性化方程的系数不同，因此线性化必须在某一个工作点处进行；工作点不同则线性化的结果也不一样。线性化的条件是在工作点附近的小范围内满足小偏差的条件。线性化只能针对非本质非线性特性进行，线性化的结果是得到工作点附近（邻域）变量增量 Δx、Δy 的线性方程式，习惯上仍写成 x、y。

在图 4-1 中，根据电学原理，可以写出两个含有状态变量的一阶微分方程：

$$C\frac{\mathrm{d}u_C}{\mathrm{d}t}=i$$

$$L\frac{\mathrm{d}i}{\mathrm{d}t}+Ri+u_C=u$$

微分方程式所描述的输入、输出信号之间的关系不是将系统的输出作为输入信号的一种显式给出的，而是"隐含的"。为了得到输出信号的显式表达式，必须求得微分方程的解。应该指出的是，对于不同的状态变量，列写的微分方程也是不一样的。

4.3.2　线性常系数差分方程

如果系统的输入、输出特性是线性的，则该系统为线性系统。其基本特性满足叠加原理：$L(c_1u_1+c_2u_2)=c_1L(u_1)+c_2L(u_2)$，也就是说，满足叠加原理的系统即为线性系统，有下面的关系表达式：

如果 $y_1(n)=T[x_1(n)]$，$y_2(n)=T[x_2(n)]$，且 $x(n)=ax_1(n)+bx_2(n)$，a、b 为任意常数，则 $y(n)=T[x(n)]=T[ax_1(n)+bx_2(n)]=ay_1(n)+by_2(n)$。

如果 $y(n)$ 是系统对 $x(n)$ 的响应，则当输入序列为 $x(n-k)$ 时，系统的响应为 $y(n-k)$，$k=0,\pm1,\pm2,\cdots$。如果 n 代表不同的采样时刻 nT，也将其称为"时不变系统"。简单地说，时不变系统的输出与输入之间的关系是不随时间改变的，所以又称"定常系统"。

对于一个单输入-单输出线性时不变离散系统，在某一采样时刻的输出值 $y(n)$ 与这一时刻的输入值 $x(n)$ 有关，而且也与过去时刻的输入值 $x(n-1)$，$x(n-2)$，$\cdots$ 有关，还与该时刻以前的输出值 $y(n-1)$，$y(n-2)$，$\cdots$ 有关。这种关系可以描述如下：

$$y(n)+a_1y(n-1)+a_2y(n-2)+\cdots+a_Ny(n-N)$$
$$=b_0x(n)+b_1x(n-1)+b_2x(n-2)+\cdots+b_Mx(n-M) \tag{4-13}$$

或表示为

$$y(n)=-\sum_{k=1}^{N}a_ky(n-k)+\sum_{k=0}^{M}b_kx(n-k) \tag{4-14}$$

与线性定常连续时间系统类似，对于线性定常离散时间系统的数学表达，线性常系数差分方程式(4-14)同样需要加上初始松弛条件。对应的齐次方程为

$$y(n)+a_1y(n-1)+a_2y(n-2)+\cdots+a_Ny(n-N)=0 \tag{4-15}$$

其通解为

$$y(n)=A_1a_1^n+A_2a_2^n+\cdots+A_Na_N^n=\sum_{i=1}^{N}A_ia_i^n \tag{4-16}$$

式中系数 A_i 由初始条件决定。

差分方程的解法一般有迭代法和 Z 变换法两种。

例 4-1　已知采样系统的差分方程是 $y(n)=ay(n-1)+x(n)$，其中 $x(n)=\delta(n)$；初始条件：$y(n)=0$，$n<0$。

解
$$y(0)=ay(0-1)+\delta(0)=0+1=1$$
$$y(1)=ay(1-1)+\delta(1)=ay(0)+1=a$$
$$y(2)=ay(2-1)+\delta(2)=ay(1)+0=a^2$$
$$\vdots$$
$$y(n)=a^n$$

于是可得

$$\begin{cases} y(n)=a^n & \text{当 } n\geqslant 0 \\ y(n)=0 & \text{当 } n<0 \end{cases}$$

这里采用的是叠代法，用 Z 变换法求解差分方程见下一节。

4.4 计算机控制系统的频域模型

系统的微分方程或差分方程是在时间域里描述系统动态性能的数学模型。在给定输入及初始条件下，对方程求解即可得到系统的输出。这种方法比较直观，但却难以得到方程中的系数（对应于系统中元件的参数）对系统输出（系统被控量）的影响，因此不便于系统的分析与设计。

在经典控制论中，系统的频域模型占有不可替代的位置。一般来讲，傅里叶变换多用于信号的分析，拉普拉斯变换用于连续时间系统的分析，而 Z 变换则用于离散时间系统的分析。将微分方程或差分方程从时间域变换到频率域，并引入系统在复数域中的数学模型——传递函数，不仅可以表征系统的动态性能，而且可以借以研究系统的结构或参数变换对系统性能的影响。

4.4.1 Z 变换法解差分方程

计算机控制系统是线性离散系统或近似当做线性离散系统。研究一个物理系统，必须建立相应的数学模型，解决数学描述和分析工具的问题。Z 变换及其反变换就是分析和设计计算机控制系统的重要工具之一。在离散系统中用 Z 变换求解差分方程，也使得求解运算变成了代数运算，大大简化和方便了离散系统的分析和综合。用 Z 变换求解差分方程，主要用到了 Z 变换的实数位移定理。求解差分方程的一般方法可以归结如下：

（1）差分方程两端同时取 Z 变换。

（2）用初始条件化简 Z 变换式。

（3）Z 变换式改写成以下形式：

$$X(z)=\frac{b_m z^m+b_{m-1}z^{m-1}+\cdots+b_0}{a_n z^n+a_{n-1}z^{n-1}+\cdots+a_0} \qquad m<n$$

（4）解 $X(z)$ 的 Z 反变换，即可得到差分方程的解。

例 4-2 用 Z 变换法解差分方程：

$$x(n+2)+3x(n+1)+2x(n)=0$$

已知 $x(0)=0$，$x(1)=1$。

解 方程两端取 Z 变换，得

$$z^2 X(z)-z^2 x(0)-zx(1)+3zX(z)-3zx(0)+2X(z)=0$$

代入初始值有

$$z^2 X(z) - z + 3zX(z) + 2X(z) = 0$$

所以

$$X(z) = \frac{z}{z^2 + 3z + 2} = \frac{z}{z+1} - \frac{z}{z+2}$$

查 Z 反变换表,得

$$x(n) = (-1)^n - (-2)^n, \ n = 0, 1, 2, \cdots$$

4.4.2　连续时间系统的传递函数

微分方程反映了连续时间系统输入信号和输出信号之间的联系,是系统的最基本表达形式。尤其是线性常系数微分方程,常用来表达线性定常系统。拉普拉斯变换是通过变换的方式对线性常系数微分方程进行分析求解的一种重要方法。

傅里叶变换对:

$$\begin{cases} F(\omega) = \displaystyle\int_{-\infty}^{+\infty} f(t) \mathrm{e}^{-\mathrm{j}\omega t}\, \mathrm{d}t \\ f(t) = \dfrac{1}{2\pi} \displaystyle\int_{-\infty}^{+\infty} F(\omega) \mathrm{e}^{\mathrm{j}\omega t}\, \mathrm{d}\omega \end{cases} \tag{4-17}$$

拉普拉斯变换对:

$$\begin{cases} F(s) = \displaystyle\int_{0}^{+\infty} f(t) \mathrm{e}^{-st}\, \mathrm{d}t \\ f(t) = \dfrac{1}{2\pi\mathrm{j}} \displaystyle\int_{\sigma-\mathrm{j}\omega}^{\sigma+\mathrm{j}\omega} F(s) \mathrm{e}^{st}\, \mathrm{d}s \end{cases} \tag{4-18}$$

如图 4-2 所示,经过拉普拉斯变换可以将连续时间系统从时域转移到频域进行分析。连续时间系统的 3 种数学模型之间的关系如图 4-3 所示,比如同一个系统可以在时域和频域分别用式(4-19)、式(4-20)、式(4-21)来分析。

$$(a_0 p^n + a_1 p^{n-1} + \cdots + a_{n-1} p + a_n) y(t) = (b_0 p^m + b_1 p^{m-1} + \cdots + b_{m-1} p + b_m) x(t) \tag{4-19}$$

$$\frac{Y(s)}{X(s)} = G(s) = \frac{b_0 s^m + b_1 s^{m-1} + \cdots + b_{m-1} s + b_m}{a_0 s^n + a_1 s^{n-1} + \cdots + a_{n-1} s + a_n} \tag{4-20}$$

$$G(\mathrm{j}\omega) = \frac{b_0 (\mathrm{j}\omega)^m + b_1 (\mathrm{j}\omega)^{m-1} + \cdots + b_{m-1} (\mathrm{j}\omega) + b_m}{a_0 (\mathrm{j}\omega)^n + a_1 (\mathrm{j}\omega)^{n-1} + \cdots + a_{n-1} (\mathrm{j}\omega) + a_n} \tag{4-21}$$

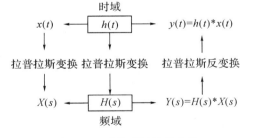

图 4-2　时域到频域的变换

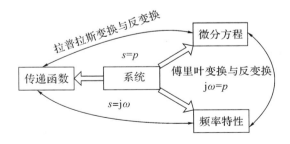

图 4-3　3 种数学模型的关系

4.4.3　离散时间系统的传递函数

线性离散时间系统输入与输出之间可用线性常系数差分方程式(4-14)描述。在离散系统中用 Z 变换求解差分方程，也使得求解运算变成代数运算，大大简化和方便了离散系统的分析和综合。用 Z 变换求解差分方程主要用到了 Z 变换的实数位移定理，在前面的 Z 变换法解差分方程时已经分析过。

除此之外，另外一种分析离散系统的主要方法就是传递函数。

1. 离散时间系统传递函数的基本概念

对于离散系统，一般用差分方程来描述，其形式为

$$y[(k+n)] + p_1 y[(k+n-1)] + p_2 y[(k+n-2)] + \cdots + p_n y(k)$$
$$= q_0 x[(k+m)] + q_1 x[(k+m-1)] + \cdots + q_m x(k)$$

定义该离散系统的传递函数为：初始条件为零时，系统输出、输入序列的 Z 变换的比值：

$$G(z) = \frac{Y(s)}{X(s)} = \frac{q_0 z^m + q_0 z^m + \cdots + q_0 z^m}{z^n + p_1 z^{n-1} + \cdots + p_n}$$

通常将离散系统的传递函数称为 Z 传递函数，又叫脉冲传递函数。系统的脉冲传递函数即为系统的单位脉冲响应 $g(t)$，经过采样后离散信号 $g^*(t)$ 的 Z 变换可表示为 $G(z) = \sum_{n=0}^{\infty} g(nT) z^{-z}$，还可表示为

$$G(z) = Z[g(t)] = Z\{L^{-1}[G(s)]\} = Z[G(s)]$$

$Z[\cdot]$ 表示 Z 变换，$L^{-1}[\cdot]$ 表示拉普拉斯反变换。

2. 离散时间系统的开环脉冲传递函数

在图 4-4(a)所示的开环系统中，两个串联环节之间有采样开关存在，这时

$$R(z) = G_1(z) X(z)$$
$$Y(z) = G_2(z) R(z) = G_1(z) G_2(z) X(z)$$
$$\frac{Y(z)}{X(z)} = G_1(z) G_2(z) = G(z) \tag{4-22}$$

在图 4-4 (b)所示的系统中，两个串联环节之间没有采样开关隔离，这时系统的开环脉冲传递函数为

$$G(z) = \frac{Y(z)}{X(z)} = Z[G_1(s) G_2(s)] = G_1 G_2(z) = G_2 G_1(z) \tag{4-23}$$

式(4-22)和式(4-23)中的 $G_1 G_2(z) \neq G_1(z) G_2(z)$。

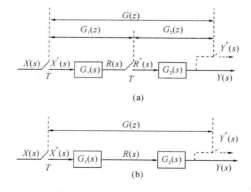

图 4-4　两种开环串联结构

3. 离散时间系统的闭环脉冲传递函数

由图 4-5 所示的闭环系统可得

$$E(s)=X(s)-H(s)Y(s)$$

$$Y(s)=E^*(s)G(s)$$

$$E(z)=X(z)-Z[G(s)H(s)E^*(s)]$$

$$E(z)=X(z)-GH(z)E(z)$$

$$E(z)=\frac{X(z)}{1+GH(z)}$$

$$Y(z)=E(z)G(z)=\frac{G(z)}{1+GH(z)}X(z)$$

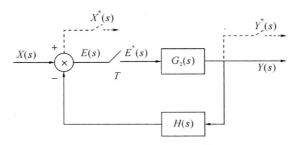

图 4-5　闭环采样控制系统

闭环离散系统对输入量的脉冲传递函数为

$$\Phi(z)=\frac{Y(z)}{X(z)}=\frac{G(z)}{1+GH(z)} \qquad (4-24)$$

与线性连续系统类似，闭环脉冲传递函数的分母 $1+GH(z)=0$ 即为闭环采样控制系统的特征多项式。

计算机控制系统中往往有数字控制器环节，如图 4-6 所示，具有数字控制器的采样系统的闭环传递函数为

$$\Phi(z)=\frac{Y(z)}{X(z)}=\frac{D(z)G(z)}{1+D(z)GH(z)} \qquad (4-25)$$

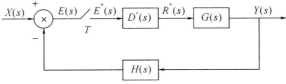

图 4-6　具有数字控制器的采样系统

系统的方框图和信号流图是系统的两种图解描述方式，它们包含了系统各个组成部分的传递函数、系统的结构、信号流向等信息，表示了系统的输入和输出变量之间的因果关系以及系统内部变量所进行的运算。不论是前述的时域、频域模型，还是下一节将要介绍的状态空间模型、方框图和信号流图，都是控制工程中描述复杂系统的有效方法。该方法在"自动控制原理"课程中有详细讲解，这里不再赘述。要求熟练掌握实际物理系统方框图的绘制方法及其简化，熟练应用梅逊公式列写信号流图的传递函数。

4. 离散时间系统的稳定性分析

令闭环采样控制系统的特征多项式 $1+GH(z)=0$，可解得系统的特征根 $z_1,z_2,\cdots,z_n$ 即为闭环传递函数的极点。闭环系统稳定的充分条件是：系统特征方程的所有根均分布在 z 平面的单位圆内，或者所有根的模均小于 1，即 $|z_i|<1(i=1,2,\cdots,n)$。若闭环脉冲传递函数有位于单位圆外的极点，则闭环系统是不稳定的。

例 4-3 判断图 4-7 所示系统在采样周期 $T=1$ s 和 $T=4$ s 时的稳定性。

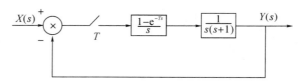

图 4-7 采样系统

解 开环脉冲传递函数为

$$G(z)=Z\left(\frac{1-\mathrm{e}^{-Ts}}{s}\cdot\frac{1}{s(s+1)}\right)=Z\left((1-\mathrm{e}^{-Ts})\frac{1}{s^2(s+1)}\right)$$

$$=(1-z^{-1})Z\left(\frac{1}{s^2}-\frac{1}{s}+\frac{1}{s+1}\right)$$

$$=(1-z^{-1})\left(\frac{Tz}{(z-1)^2}-\frac{z}{z-1}+\frac{z}{z-\mathrm{e}^{-T}}\right)$$

$$=\frac{T(z-\mathrm{e}^{-T})-(z-1)(z-\mathrm{e}^{-T})+(z-1)^2}{(z-1)(z-\mathrm{e}^{-T})}$$

闭环传递函数为 $\Phi(z)=\dfrac{G(z)}{1+G(z)}$；闭环系统的特征方程为 $T(z-\mathrm{e}^{-T})+(z-1)^2=0$，即 $z^2+(T-2)z+1-T\mathrm{e}^{-T}=0$。

当 $T=1$ s 时，系统的特征方程为 $z^2-z+0.632=0$，因为方程是二阶的，故直接解得极点为 $z_{1,2}=0.5\pm\mathrm{j}0.618$。由于极点在单位圆内，所以系统稳定。

当 $T=4$ s 时，系统的特征方程为 $z^2+2z+0.927=0$，闭环传递函数解得极点为 $z_1=-0.73$，$z_2=-1.27$。有一个极点在单位圆外，所以系统不稳定。

采样周期 T 会影响离散系统稳定，根据控制理论，T 越大，则系统的稳定性越差。从定性分析，采样周期越短，离散控制系统越接近连续系统；从定量分析，控制系统中引入采样开关盒保持器相当于引入了纯时滞，因此系统的稳定性必然变差。纯时滞的大小等于采样周期的一半，采样周期小，引入的纯时滞就小，对稳定性的影响也就小。

一般来说，目前计算机的运算速度相对于控制对象是足够高的，因此计算机控制系统的采样周期可以取得足够小，既不会降低运算速度，也不会产生大的时滞。

4.5 MATLAB 实例仿真

基于 MATLAB 的 Z 变换使用 ztrans、iztrans 函数分别求出离散时间信号的 Z 变换和逆 Z 变换（也称 Z 反变换）的结果，并用 pretty 函数对结果进行变换。

1. 求 $x(n)=\left[\left(\dfrac{1}{2}\right)^{n}+\left(\dfrac{1}{3}\right)^{n}\right]u(n)$ **的 Z 变换**

```
clear
syms n
f=0.5^n+(1/3)^n;            %定义离散信号
F=ztrans(f)                 %Z 变换
pretty(F);
```

运算结果：

```
F=
z/(z-1/2)+z/(z-1/3)

    z         z
-------- + --------

    1         1
z - —     z - —
    2         3
```

2. 求 $x(n)=n^{4}$ **的 Z 变换**

```
clear
syms n
f=n^4;                      %定义离散信号
F=ztrans(f)                 %Z 变换
pretty(F)
```

运算结果：

```
F=
(z^4+11 * z^3+11 * z^2+z)/(z-1)^5
 4        3        2
z + 11 z + 11 z + z
-------------------
         5
      (z-1)
```

3. 求 $x(n)=\sin(an+b)$ **的 Z 变换**

```
clear
syms a b n
f = sin(a * n+b)            %定义离散信号
F=ztrans(f)                 %Z 变换
pretty(F)
```

运算结果：

```
F=
(z * cos(b) * sin(a))/(z^2-2 * cos(a) * z+1)+(z * sin(b) * (z-cos(a)))/(z^2-2 * cos(a) * z+
z cos(b) sin(a)   z sin(b) (z-cos(a))
----------------- + ------------------
z-2cos(a)z+1        z-2cos(a)z+1
```

小 结

计算机控制系统模型的建立能够更好、更加方便地对实际系统进行研究、分析和控制。模型不仅需要反映系统实体的本质，而且表达形式根据具体问题而定，方便对系统进行分析和处理。在连续系统中，表示输入信号和输出信号关系的数学模型用微分方程和传递函数来描述；在离散系统中，则用差分方程、脉冲传递函数和离散状态空间表达式来描述。在计算机控制系统中常用的数学模型主要有：以微分方程或差分方程形式表达的时域模型、以传递函数形式表达的频域模型、系统方框图以及现代控制理论中常用的状态空间模型。

习 题

1. 对于图 4-8 所示的电路系统，试建立其时域微分方程及频域的传递函数。

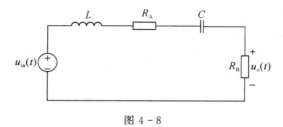

图 4-8

2. 用 Z 变换法求解差分方程：

$$c[(k+2)T]+4c[(k+1)T]+3c(kT)=0, \quad c(0)=0, \quad c(T)=1$$

3. 求图 4-9 所示的闭环采样系统输出的 Z 变换。

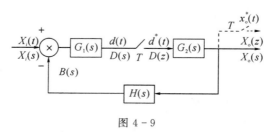

图 4-9

4. 什么是状态空间表达式?

第 5 章　数字控制器的设计

对系统进行分析、综合或设计时，首先要解决的是数学描述的问题。对于离散-连续信号混合系统的分析，存在着"离散化"与"连续化"两种不同的设计方法。数字控制器的连续化设计是忽略控制回路中所有的零阶保持器和采样器，在 s 域中按连续系统进行初步设计，先求出连续控制器，然后通过某种近似，将连续控制器离散化为数字控制器，并由计算机来实现。这种方法用于采样周期短、控制算法简单的系统。离散化设计方法是把零阶保持器与被控对象组成的连续部分用适当的方法离散化。整个系统完全变成离散系统，然后直接使用采样控制理论和离散控制系统的设计方法来确定数字控制器，并用计算机实现。

通过本章的学习，重点掌握数字控制器的连续化设计步骤、数字 PID 控制器设计和最少拍随动系统的设计。了解 MATLAB 仿真在数字控制器设计中的应用。

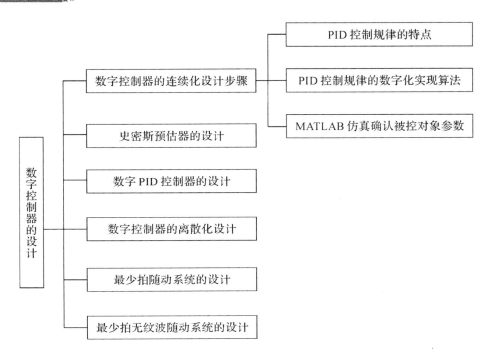

计算机控制系统的设计，是指在给定系统性能指标的条件下，设计出控制器的控制规律和相应的数字控制算法。数字控制系统的类型很多，但它们都是由被控对象、数字控制器两部分组成的。被控对象是系统的连续部分，输入输出均为模拟量；数字控制器是系统的离散部分，这是由于数字控制器所处理的信号是离散的数字信号。这种连续-离散混合系统如图 5-1 所示。

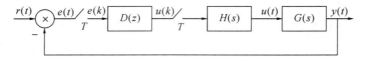

图 5-1　计算机控制系统的框图

图 5-1 为一个采样系统的框图：控制器 $D(z)$ 的输入量是偏差，$u(k)$ 是控制量，$H(s)$ 是零阶保持器，且 $H(s)=\dfrac{1-e^{-sT}}{s}\approx\dfrac{1-1+sT-\dfrac{(sT)^2}{2}+\cdots}{s}=T\left(1-\dfrac{sT}{2}+\cdots\right)\approx Te^{-\frac{sT}{2}}$，$G(s)$ 是被控对象的传递函数。

对任何系统进行分析、综合或设计时，首先要解决的是数学描述问题。对于图 5-1 所示离散-连续信号混合系统的分析，存在着"离散化"与"连续化"两种不同的设计方法。数字控制器的连续化设计是忽略控制回路中所有的零阶保持器和采样器，在 s 域中按连续系统进行初步设计，先求出连续控制器，然后通过某种近似，将连续控制器离散化为数字控制器，并由计算机来实现。这种方法用于采样周期短、控制算法简单的系统。离散化设计方法是把零阶保持器与被控对象组成的连续部分用适当的方法离散化，整个系统完全变成离散系统，然后直接使用采样控制理论和离散控制系统的设计方法来确定数字控制器，并用计算机实现。

5.1　数字控制器的连续化设计步骤

1. 设计假想的连续控制器 $D(s)$

连续化设计方法的实质是在采样频率很高的情况下，其采样保持器所引进的附加偏差可以忽略，因此把零阶保持器去掉，把数字控制器（A/D（采样）、计算机、D/A（零阶保持器））看作一个整体，其输入和输出为模拟量，将其等效为连续传递函数。将图 5-1 所示的计算机控制系统假想为一个连续系统，如图 5-2 所示，即将实现数字控制器的控制器和零阶保持器合在一起作为一个连续环节看待，其等效传递函数为 $D(s)$。

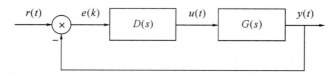

图 5-2　连续控制系统

按照对数频率特性法和根轨迹法等连续系统的校正方法，可以设计校正环节 $D(s)$，即为连续系统的调节器。

2. 选择采样周期 T

1）香农采样定理

香农采样定理给出了将采样信号恢复为连续信号的最低采样频率。在计算机控制系统中，完成信号恢复功能一般由零阶保持器 $H(s)$ 来实现。零阶保持器的传递函数为 $H(s)=\dfrac{1-e^{-sT}}{s}$，其频率特性为

$$H(j\omega)=\frac{1-e^{-j\omega T}}{j\omega}=\frac{2e^{-j\omega T/2}(e^{j\omega T/2}-e^{-j\omega T/2})}{2j\omega}$$

$$=T\frac{\sin\dfrac{\omega T}{2}}{\dfrac{\omega T}{2}}e^{-j\omega T/2}=T\frac{\sin\dfrac{\omega T}{2}}{\dfrac{\omega T}{2}}\angle-\frac{\omega T}{2} \qquad (5-1)$$

从上式可以看出，零阶保持器将对控制信号产生附加相移（滞后）。对于小的采样周期，可把零阶保持器 $H(s)$ 近似为

$$H(s)=\frac{1-e^{-sT}}{s}\approx\frac{1-1+sT-\dfrac{(sT)^2}{2}+\cdots}{s}=T(1-s\frac{T}{2}+\cdots)\approx Te^{-s\frac{T}{2}} \qquad (5-2)$$

上式表明，当 T 很小时，零阶保持器 $H(s)$ 可用半个采样周期的时间滞后环节来近似。它使得相角滞后了。而在控制理论中，大家都知道，若有滞后的环节，每滞后一段时间，其相位裕量就减少一部分。我们就要把相应减少的相位裕量补偿回来。假定相位裕量可减少 $5°\sim15°$，则采样周期应选为：$T\approx(0.15\sim0.5)/\omega_C$，其中 ω_C 是连续控制系统的剪切频率。按上式的经验法选择的采样周期相当短。因此，对于连续化设计方法而言，要想用数字控制器去实现近似连续控制器的功能，就要有相当短的采样周期。

2）正确地选择采样周期 T

（1）从调节品质上看，希望采样周期短，以便减少系统纯滞后的影响，提高控制精度。通常保证在 95% 的系统的过渡过程时间内，采样 $6\sim15$ 次即可。

（2）从快速性和抗干扰方面考虑，采样周期 T 应该尽量短，这样给定值的改变可以迅速地通过采样得到反映，而不致产生过大的延时。

（3）从计算机的工作量和回路成本考虑，采用周期 T 应该长一些，这样可使每个周期都有足够的计算时间；当被控对象的纯滞后时间 τ 较大时，可以选择 $T=\tau$。

（4）从计算精度方面考虑，采样周期 T 不应过短。若 T 过短，将使前后两次采样值差别小，调节作用减弱。因此，T 必须大于执行机构的调节时间。

3. 将 $D(s)$ 离散化为 $D(z)$

计算机控制系统是离散系统，因此要将连续控制系统的调节器传递函数 $D(s)$ 转换为离散的脉冲传递函数 $D(z)$。

1）双线性变换法

按 Z 变换的定义，利用泰勒级数展开，可得

$$z=e^{sT}=\frac{e^{\frac{sT}{2}}}{e^{-\frac{sT}{2}}}=\frac{1+\dfrac{sT}{2}+\cdots}{1-\dfrac{sT}{2}+\cdots}\approx\frac{1+\dfrac{sT}{2}}{1-\dfrac{sT}{2}}$$

上式称为双线性变换或塔斯廷(Tustin)近似。由上式可得

$$s = \frac{2}{T}\frac{z-1}{z+1}, \quad D(z) = D(s)\bigg|_{s=\frac{2}{T}\frac{z-1}{z+1}} \qquad (5-3)$$

双线性变换也可从数值积分的梯形法对应得到。设积分控制规律为

$$u(t) = \int_0^t e(t)\,\mathrm{d}t \qquad (5-4)$$

对上式两边求拉氏变换后可推导出控制器为

$$D(s) = \frac{U(s)}{E(s)} = \frac{1}{s} \qquad (5-5)$$

用梯形法求积分运算可得算式如下:

$$u(k) = u(k-1) + \frac{T}{2}\big[e(k) + e(k-1)\big] \qquad (5-6)$$

上式两边求 Z 变换后可推导出数字控制器为

$$D(z) = \frac{U(z)}{E(z)} = \frac{1}{\dfrac{2}{T}\dfrac{z-1}{z+1}} = D(s)\bigg|_{s=\frac{2}{T}\frac{z-1}{z+1}} \qquad (5-7)$$

s 平面与 z 平面的映射关系如图 5-3 所示。

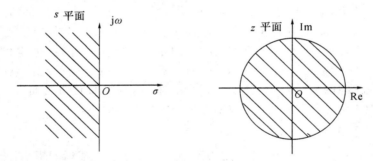

图 5-3 s 平面与 z 平面的映射关系

双线性变换法置换公式:

$$z = \frac{1 + \dfrac{sT}{2}}{1 - \dfrac{sT}{2}} \qquad (5-8)$$

把 $s = \sigma + \mathrm{j}\omega$ 代入有

$$|z|^2 = \left|\frac{1+Ts/2}{1-Ts/2}\right|^2 = \left|\frac{(1+T\sigma/2)+\mathrm{j}\omega T/2}{(1-T\sigma/2)-\mathrm{j}\omega T/2}\right|^2 = \frac{(1+T\sigma/2)^2+(\omega T/2)^2}{(1-T\sigma/2)^2+(\omega T/2)^2} \qquad (5-9)$$

则:$\sigma=0$(s 平面虚轴),$|z|=1$(z 平面单位圆上);$\sigma<0$(s 左半平面),$|z|<1$(z 平面单位圆内);$\sigma>0$(s 右半平面),$|z|>1$(z 平面单位圆外)。

2)前向差分法

利用泰勒级数展开可将 $z=\mathrm{e}^{sT}$ 写成 $z=\mathrm{e}^{sT}=1+sT+\cdots\approx1+sT$,由上式可得 $s=\dfrac{z-1}{T}$,

$D(z) = D(s)\bigg|_{s=\frac{z-1}{T}}$。

也可用一阶前向差分近似代替微分。设微分控制规律为 $u(t)=\dfrac{\mathrm{d}e(t)}{\mathrm{d}t}$，两边求拉氏变换后，可推导出控制器为 $D(s)=\dfrac{U(s)}{E(s)}=s$，采用前向差分近似可得 $u(k)\approx\dfrac{e(k+1)-e(k)}{T}$，令 $n=k+1$，则 $u(n-1)\approx\dfrac{e(n)-e(n-1)}{T}$，两边求 Z 变换可得 $z^{-1}U(z)=\dfrac{E(z)-z^{-1}E(z)}{T}$，可推导出数字控制器为

$$D(z)=\frac{U(z)}{E(z)}=\frac{z-1}{T}=D(s)\bigg|_{s=\frac{z-1}{T}}$$

下面分析 s 平面与 z 平面的映射关系。

根据前向差分法置换公式 $s=\dfrac{z-1}{T}$，把 $s=\sigma+\mathrm{j}\omega$ 代入，取模的平方有：$|z|^2=(1+\sigma T)^2+(\omega T)^2$。令 $|z|=1$，则对应到 s 平面上是一个圆，有 $1=(1+\sigma T)^2+(\omega T)^2$，即当 $D(s)$ 的极点位于左半平面以 $(-1/T,0)$ 为圆心、$1/T$ 为半径的圆内，$D(z)$ 才在单位圆内，才稳定。

前向差分法的特点：s 平面左半平面的极点可能映射到 z 平面单位圆外，因而用这种方法所进行的 Z 变换可能是不稳定的，实际应用中一般不采用此方法。

3）后向差分法

利用级数展开还可将 $z=\mathrm{e}^{sT}$ 写成 $z=\mathrm{e}^{sT}=\dfrac{1}{\mathrm{e}^{-sT}}\approx\dfrac{1}{1-sT}$，即 $s=\dfrac{z-1}{Tz}$，$D(z)=D(s)\bigg|_{s=\frac{z-1}{Tz}}$。后向差分法将 s 的左半平面映射到 z 平面内半径为 $1/2$ 的圆，因此如果 $D(s)$ 稳定，则 $D(z)$ 稳定。

双线性变换的优点在于，它把左半 s 平面转换到单位圆内。如果使用双线性变换或后向差分法，一个稳定的连续控制系统在变换之后仍将是稳定的，可是使用前向差分法，就可能把它变换为一个不稳定的离散控制系统。

4. 设计由计算机实现的控制算法

数字控制器 $D(z)$ 的一般形式为

$$D(z)=\frac{U(z)}{E(z)}=\frac{b_0+b_1z^{-1}+\cdots+b_mz^{-m}}{1+a_1z^{-1}+\cdots+a_nz^{-n}} \tag{5-10}$$

上式可改写为

$$U(z)=(-a_1z^{-1}-a_2z^{-2}-\cdots-a_nz^{-n})U(z)+(b_0+b_1z^{-1}+\cdots+b_mz^{-m})E(z) \tag{5-11}$$

其中 $n\geqslant m$，各系数 a_i、b_i 为实数，且有 n 个极点和 m 个零点。

式（5-11）用时域形式表示为

$$\begin{aligned}u(k)=&-a_1u(k-1)-a_2u(k-2)-\cdots-a_nu(k-n)\\&+b_0e(k)+b_1e(k-1)+\cdots+b_me(k-m)\end{aligned} \tag{5-12}$$

式（5-12）称为数字控制器 $D(z)$ 的控制算法，可见是容易编程实现的。

5. 校验

控制器 $D(z)$ 设计完并求出控制算法后，须按图 5-1 所示的计算机控制系统检验其闭环特性是否符合设计要求，这一步可由计算机控制系统的数字仿真计算来验证。如果满足设计要求，则设计结束，否则应修改设计。

总之，数字控制器连续化设计可以通过以下五个步骤完成。

第①步：用连续系统的理论设计假想的连续控制器 $D(s)$。

第②步：选择采样周期 T。

第③步：用合适的离散化方法将 $D(s)$ 离散化成数字控制器 $D(z)$。

第④步：将数字控制器 $D(z)$ 表示成差分方程的形式，并编制程序，以便计算机实现。

第⑤步：校验。

其中，①～②在自动控制原理中已讲解，③～④将在本章讲解，⑤通过仿真来检验系统的指标是否满足要求。

5.2　数字 PID 控制器的设计

5.2.1　PID 控制规律的特点

PID 控制器是一种线性调节器，这种调节器可将给定值 $r(t)$ 与实际输出值 $c(t)$ 进行比较，从而构成控制偏差：

$$e(t) = r(t) - c(t)$$

并将其比例、积分、微分通过线性组合构成控制量，如图 5-4 所示。

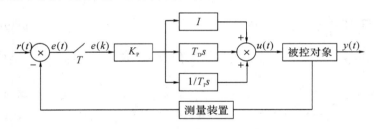

图 5-4　连续生产过程 PID 控制系统框图

在实际应用中，可以根据被控对象的特性和控制要求，进行灵活组合。该算法对大多数控制对象均能达到满意的控制效果。但是，用计算机实现 PID 控制，不是简单地把模拟 PID 控制规律数字化，而是进一步使其与计算机的逻辑判断功能结合，使 PID 控制更加灵活，更能满足生产过程提出的要求。下面分别说明它们的作用。

1. 比例调节器

比例调节器是最简单的控制器，其控制规律为

$$u = K_{P}e + u_0 \tag{5-13}$$

其传递函数为 $G(s) = K_{P}$，式中 K_{P} 为可调比例系数；e 为调节器的输入，一般为偏差，即 $e(t) = r(t) - c(t)$；u_0 为控制量的初值，也就是在起动控制系统时的控制量（例如阀门的起始开度、基准点信号等）。图 5-5 所示是比例控制器对偏差阶跃变化的时间响应。

通常称比例控制器为 P（Proportional）控制器。比例调节器对偏差的反应是即时的，偏差一旦产生，调节器立即产生控

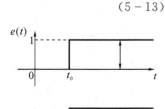

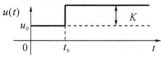

图 5-5　比例调节的特性曲线

制作用并使被控量朝着减少偏差的方向变化。比例控制具有抗干扰能力强、控制及时、过渡时间短的优点，但也存在稳态误差。增大比例系数可提高系统的开环增益，减小系统的稳态误差，从而提高系统的控制精度，但这会降低系统的相对稳定性，甚至可能造成闭环系统的不稳定。因此，在系统校正和设计中，比例控制一般不单独使用。

2. 比例积分调节器

为了消除比例控制器中存在的静差，可在比例控制器的基础上加上积分项，构成比例积分(PI) 控制器，其控制规律为

$$u = K_P \left(e + \frac{1}{T_I} \int_0^t e \mathrm{d}t \right) + u_0 \qquad (5-14)$$

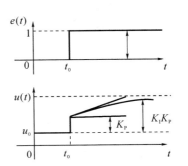

其传递函数为 $G(s) = K_P \left(1 + \frac{1}{T_I s} \right)$，式中 T_I 称为积分时间常数。比例积分调节的特性曲线如图 5-6 所示。比例调节器通常被称为 PI (Proportional - Intergral)调节器，PI 调节器除了比例环节外还有积分累积的成分，只要偏差 $e(t)$ 不为 0，它将通过累积作用减少偏差直至偏差变为 0。另外，积分器还可以消除比例环节中残存的静差。纯积分环节可以增强系统抗干扰的能力，故可增加开环增益，从而减少稳态误差。但是纯积分环节会带来相角滞后，减少系统相角裕度，因此通常不单独使用。

图 5-6　比例积分调节的特性曲线

积分项对误差的影响取决于时间的积分，随着时间的增加，积分项会增大。这样，即使误差很小，积分项也会随着时间的增加而加大，它推动着控制器的输出增大，使稳态误差进一步减小，直到其等于零。但积分项会使系统稳定性降低，过渡时间也加长。

PI 控制器的特点：可以提高系统的型别，改善系统的稳态误差；增加系统抗干扰的能力；增加了相位滞后；降低系统的频宽，延长调节时间。

3. 比例微分调节器

比例微分调节器的控制规律为

$$u = K_P \left(e + T_D \frac{\mathrm{d}e(t)}{\mathrm{d}t} \right) + u_0 \qquad (5-15)$$

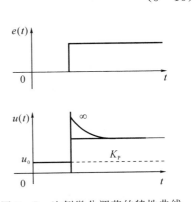

其传递函数为 $G(s) = K_P(1 + T_D s)$，式中 T_D 为积分时间常数。

比例微分调节器又称 PD(Proportional - Differential) 调节器。由图 5-7 可知，当偏差出现时，PD 调节器立刻输出一个比较大的阶跃信号，然后按指数递减，直到最后微分作用消失，变成一个纯比例环节。微分环节具有相位超前的特征，能够反映输入信号的变化趋势，产生较早的校正信号，以增加系统阻尼度，从而改善系统的稳定性。增加微分环节相当于增加一个开环零点，使系统的相角裕度得到提高，有助于系统动态性能的改

图 5-7　比例微分调节的特性曲线

善。因此，为了增加系统的相角裕度，提高系统的稳定性，减少系统动态误差等，可选用 PD 调节器。微分控制反映误差的变化率，只有当误差随时间变化时，微分控制才会对系统起作用，而对无变化或缓慢变化的对象不起作用。另外，微分控制对纯滞后环节不能起到改善控制品质的作用，反而具有放大高频噪声信号的缺点，不适宜用于噪声较大的系统。

PD 控制器的特点：可以增加系统的频宽，减少调节时间；增加系统的相角裕度，减少系统的超调量；增加系统阻尼，改善系统的稳定性；增大了高频干扰。

4. 比例积分微分控制器

P、PI、PD 调节各有其优缺点，积分调节作用的加入虽然可以消除静差，但其代价是降低系统的响应速度。为了加快控制过程，在偏差出现或变化的瞬间不但要对偏差量作出反应（即比例控制作用），而且还要对偏差量的变化作出反应。或者说按偏差变化的趋势进行控制，使偏差在萌芽状态被抑制。为了达到这一控制目的，可以在 PI 控制器的基础上加入微分控制作用，即构造比例积分微分（PID）控制器。比例积分微分（PID）控制规律为

$$u(t) = K_P\left[e(t) + \frac{1}{T_I}\int e(t)\mathrm{d}t + T_D\frac{\mathrm{d}e}{\mathrm{d}t}\right] + u_0 \qquad (5-16)$$

其传递函数为 $G(s) = K_P\left(1 + \frac{1}{T_I s} + T_D s\right)$，式中 $u(t)$ 为控制器的输出；K_P 为比例系数；$e(t)$ 为控制器的输入，即偏差：$e(t) = r(t) - y(t)$；T_D 为微分时间常数；T_I 为积分时间常数。PID 调节器方框图如图 5-8 所示。

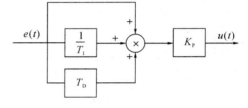

图 5-8 PID 调节器方框图

PID 三量的控制作用如表 5-1 所示，静差是系统控制过程趋于稳定时，给定值与输出量的实测值之差。

表 5-1 PID 三量的控制作用

	比 例	积 分	微 分
优点	快速响应	消除静差	减小超调量，加快响应速度
缺点	有静差	动态调节时间长	不能消除静差，容易引入高频噪音

PID 控制器的阶跃响应特性曲线如图 5-9 所示。由图 5-9 可以看出，对于 PID 控制器，在控制器偏差输入为阶跃信号时，它会立即产生比例和微分控制作用，而且在偏差输入的瞬时偏差的变化率非常大，此时的微分控制作用很强，此后微分控制作用迅速衰减，但积分作用越来越大，直至最终消除静差。因此，PID 控制器综合了比例、积分和微分三种作用，既能加快系统响应速度，减小振荡，克服超调，又能有效消除静差系统的静态和动态，使品质得到很大改善。因而，PID 控制器在工业控制中得到了最为广泛的应用。

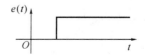

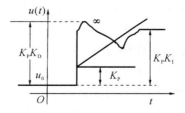

图 5-9 PID 控制器阶跃响应特性曲线

在很多情况下，可以灵活地改变策略，选择 P、PI、PD、PID 等各种调节方式，用最简单的方法达到系统的要求。

5.2.2　PID 控制规律的数字化实现算法

1. 位置式 PID 控制算法

模拟 PID 控制规律的离散化处理方法：当采样周期 T 比较小时，积分项可用求和近似代替，微分项可用后项差分近似代替。

$$\begin{cases} t \approx kT,\ k = 0,1,2\cdots \\ \displaystyle\int_0^t e(t)\,\mathrm{d}t \approx T\sum_{j=0}^{k} e(jT) = T\sum_{j=0}^{k} e(j) \\ \dfrac{\mathrm{d}e(t)}{\mathrm{d}t} \approx \dfrac{e(KT) - e[(k-1)T]}{T} = \dfrac{e(k) - e(k-1)}{T} \end{cases} \tag{5-17}$$

式中，k 为采样序号，$e(kt)$ 用 $e(k)$ 表示，可得到数字化的位置式 PID 控制算式：

$$u(k) = K_P\left[e(k) + \frac{T}{T_1}\sum_{j=0}^{k} e(j) + T_D\frac{e(k) - e(k-1)}{T}\right] \tag{5-18}$$

或

$$u(k) = K_P e(k) + K_I\sum_{j=0}^{k} e(j) + K_D[e(k) - e(k-1)] \tag{5-19}$$

式中：$u(k)$ 为第 k 次采样时计算机运算的控制量；$e(k)$ 为第 k 次采样时的偏差量；$e(k-1)$ 为第 $k-1$ 次采样时的偏差量；$K_I = \dfrac{K_P T}{T_I}$ 为积分系数；$K_D = \dfrac{K_P T_D}{T}$ 为微分系数。

计算得到的控制量 $u(k)$ 为全量值输出，每次的输出值都与执行机构的位置（如阀门的开度）一一对应，所以称之为位置型 PID 算法。

2. 增量式 PID 控制算法

由位置式 PID 控制公式可以看出，位置式控制算法不够方便，这是因为要累加偏差 $e(j)$，不仅要占用较多的存储单元，而且不便于编写程序，为此作出以下改进：

$$u(k-1) = K_P\left[e(k-1) + \frac{T}{T_1}\sum_{j=0}^{k-1} e(j) + T_D\frac{e(k-1) - e(k-2)}{T}\right] \tag{5-20}$$

$$\begin{aligned} \Delta u(k) &= u(k) - u(k-1) \\ &= K_P\left\{e(k) - e(k-1) + \frac{T}{T_I}e(k) + \frac{T}{T_D}[e(k) - 2e(k-1) + e(k-2)]\right\} \\ &= K_P[e(k) - e(k-1)] + K_I e(k) + K_D[e(k) - 2e(k-1) + e(k-2)] \end{aligned} \tag{5-21}$$

式中：$\Delta u(k)$ 为第 k 次采样时计算机运算的控制量增量，$K_I = \dfrac{K_P T}{T_I}$ 为积分系数，$K_D = \dfrac{K_P T_D}{T}$ 为微分系数。

在控制系统中，如果执行机构采用调节阀，则控制量对应阀门的开度表征了执行机构的位置，此时控制器应采用位置式 PID 控制算法，如图 5-10 所示。如果执行机构为步进电机、电动调节阀和多圈电位器，则每个采样周期控制器输出的控制量相对于上次控制量是增加的，此时控制器应采用增量式 PID 控制算法，如图 5-11 所示。

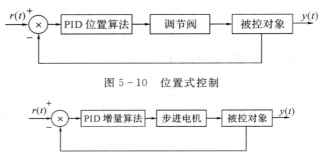

图 5-10　位置式控制

图 5-11　增量式控制

与位置式 PID 控制算法相比，增量式 PID 控制算法有下列优点：

（1）位置式控制算法每次输出都与整个过去状态相关，其计算式要用到过去偏差的累加，容易产生较大的累加计算误差；而在增量型算式中由于消去了积分项，从而可以消除调节器的积分饱和，在精度不足时，计算误差对控制量的影响较小，容易取得较好的控制效果。

（2）为实现手动—自动无扰切换，在切换瞬时，计算机的输出值应设置为原始阀门开度 u_0。若采用增量型算法，其输出对应于阀门位置的变化部分，即算式中不出现 u_0 项，所以易于实现从手动到自动的无扰动切换。

（3）采用增量型算法时所用的执行器本身具有寄存作用，所以即使计算机发生故障，执行器仍能保持在原位，不会对生产造成恶劣影响。

增量式 PID 控制算法与位置式 PID 控制算法相比，有下列缺点：

（1）积分截断效应大，有静态误差。

（2）溢出的影响大。

因此，在生产中应该根据被控对象的实际情况对 PID 控制算法加以选择。一般认为在以晶闸管或伺服电动机作为执行器件，或对控制精度要求高的系统中，应当采用位置型算法，而在以步进电动机或多圈电位器做执行器件的系统中，则应采用增量式算法。

5.2.3　MATLAB 仿真确认被控对象参数

1. 确立模型结构

在工程中 PID 控制多用于带时延的一阶或二阶惯性环节组成的工控对象，即有时延的单容被控过程，其传递函数如下：

$$G_0(s) = K_0 \times \frac{1}{T_0 s + 1} \mathrm{e}^{-\tau s} \tag{5-22}$$

有时延的单容被控过程可以用两个惯性环节串接组成的自平衡双容被控过程来近似，本实验采用该方式作为实验被控对象时，有

$$G_0(s) = K_0 \times \frac{1}{T_1 s + 1} \times \frac{1}{T_2 s + 1} \tag{5-23}$$

2. 被控对象参数的确认

对于这种用两个惯性环节串接组成的自平衡双容被控过程的被控对象，在工程中普遍采用阶跃输入实验辨识的方法确认 T_0 和 τ，以转换成有时延的单容被控过程。阶跃输入实

验辨识的原理图如图 5-12 所示。

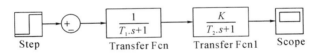

图 5-12　阶跃输入原理图

以 $T_1 = 0.2$ s、$T_2 = 0.5$ s、$K = 1$ 为例，系统运行后，可得其响应曲线，如图 5-13 所示。

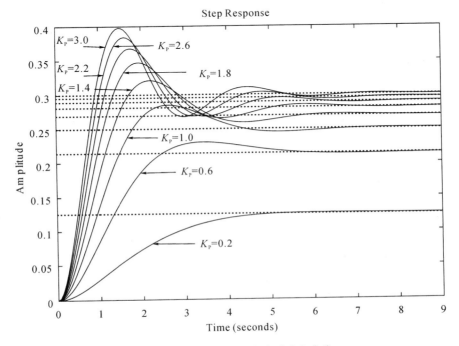

图 5-13　闭环系统单位阶跃响应曲线

通常取 $Y_0(t_1) = 0.3 Y_0(\infty)$，从图中可测得 $t_1 = 0.36$ s；通常取 $Y_0(t_2) = 0.7 Y_0(\infty)$，从图中可测得 $t_2 = 0.84$ s。再利用拉氏仅变换公式得

$$T_0 = \frac{t_2 - t_1}{\ln[1 - y_0(t_1)] - \ln[1 - y_0(t_2)]} = \frac{t_2 - t_1}{0.8473}$$

$$\tau = \frac{t_2 \ln[1 - y_0(t_1)] - t_1 \ln[1 - y_0(t_2)]}{\ln[1 - y_0(t_1)] - \ln[1 - y_0(t_2)]} = \frac{1.204 t_1 - 0.3567 t_2}{0.8473}$$

由以上两式可计算出其被控对象的参数：$T_0 = 0.567$ s、$\tau = 0.158$ s。可得其传递函数：$G_0(s) = \dfrac{1}{0.56s + 1} e^{-0.158s}$。如果被控对象中的两个惯性环节的时间常数 $T_2 \geqslant 10 T_1$，则可直接确定 $\tau = T$、$T_0 = T_2$。

例 5-1　考虑模型 $G(s) = K \times \dfrac{1}{(s+1)(2s+1)}$。通过改变 PID 的参数研究各个环节的作用。

解 （1）只采用比例控制，令 $T_I \to \infty$，$T_D = 0$，使 K_P 取不同的值，通过 MATLAB 仿真图直观地看到其作用。

MATLAB 程序如下：

```
G=tf(1,[2,3,1]); K=[0.2:0.4:3];
for i=1:length(K)
G_c=feedback(K(i)*G,3);
step(G_c),hold on
end
```

由图 5-13 知，K_P 越大系统响应越快，当 K_P 值增大到一定值时，系统趋于不稳定。

（2）令 $K_P = 1$，观察 PI 控制策略，MATLAB 程序如下：

```
%比例、积分控制
G=tf(1,[2,3,1]);
Kp=1;Ti=[0.5:0.2:1.5];
for i=1:length(Ti)
G_c=tf(Kp*[1,1/Ti(i)],[1,0]);
G_c=feedback(G*G_c,1);
step(G_c),hold on
axis([0,20,0,2])
end
```

由图 5-14 可知，随着积分时间常数 T_I 的增大，系统超调量减少，与此同时系统的响应速度减慢。因此，积分环节的主要作用是消除系统的稳态误差。

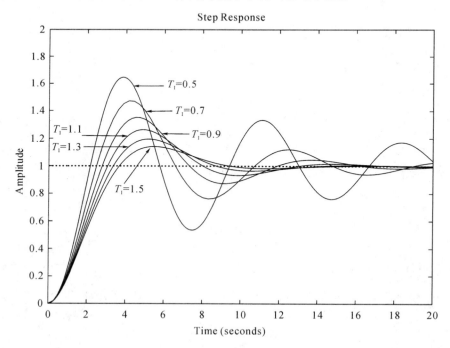

图 5-14 $K_P = 1$ 时系统的阶跃响应曲线

（3）令 $K_P = T_I = 1$，MATLAB 程序如下：

%比例、积分、微分

```
G＝tf(1,[2,3,1]);
Kp＝1;Ti＝1;Td＝[0.2:0.4:2];
for i＝1:length(Td)
G_c＝tf(Kp*[Ti* Td(i),Ti,1]/Ti,[1,0]);
G_c＝feedback(G* G_c,1);
step(G_c),hold on
axis([0,20,0,2])
end
```

由图 5 - 15 可知，T_D 增大时，系统响应速度加快，但是这也导致系统不稳定性增加。因此，微分环节的主要作用是提高系统的响应速度。

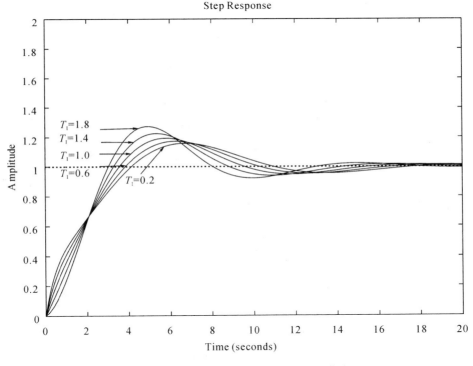

图 5 - 15　$K_P＝T_I＝1$ 时，系统的响应曲线

5.3　史密斯预估器的设计

在工业过程（例如热工、化工）控制中，由于物料或能量的传输延迟，许多被控对象具有纯滞后性质。这种纯滞后性质常引起系统的超调或者振荡。史密斯（Smith）在 1957 年提出了一种预估补偿控制方案，它针对纯时滞系统中闭环特征方程含有的纯滞后项，在 PID 反馈控制基础上引入了一个预估补偿环节，从而使闭环特征方程不含纯时滞项，提高了控制质量。

输出量经恒定延时后不失真地复现输入量的变化的环节被称为延迟环节。含有延迟环节

的系统被称为延迟系统。电力、化工系统多为延迟系统，延迟环节的输入输出时域表达式为

$$C(t)=1(t-\tau)r(t-\tau) \qquad (5-24)$$

式中 τ 为延迟时间，应用拉氏变换的实数位移定理，可得延迟环节的传递函数为

$$G(s)=\frac{C(s)}{R(s)}=e^{-\tau} \qquad (5-25)$$

下面给出传递函数的概念及闭环传递函数的计算方法。

1. 传递函数的定义

线性定常系统的传递函数定义为：零初始条件下，系统输出量的拉氏变换与输入的拉氏变换之比。图 5-16 所示为传递函数方框图。

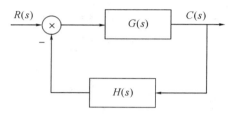

图 5-16　传递函数方框图

假设闭环系统单输入为 $R(s)$，单输出系统为 $C(s)$，前向通道传递函数为 $G(s)$，负反馈通道传递函数为 $H(s)$，则闭环系统的传递函数为 $\Phi(s)=\frac{G(s)}{1+G(s)H(s)}$。

在单回路控制系统中，$D(s)$ 为调节器的传递函数，$G_p(s)e^{-\tau s}$ 为被控对象的传递函数，$G_p(s)$ 为被控对象中不包含纯滞后部分的传递函数，$e^{-\tau s}$ 为被控对象纯滞后部分的传递函数。

由图 5-17 纯滞后环节的控制系统可知，系统闭环特征方程含有纯滞后环节，影响系统稳定性和系统性能。利用史密斯预估器，在控制系统中添加补偿环节可以消去纯滞后环节中的滞后环节，从而使系统稳定。

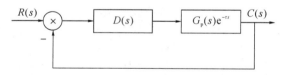

图 5-17　纯滞后环节的控制系统

2. 史密斯预估控制原理

史密斯预估器控制原理是，为 $D(s)$ 并连一个补偿环节，用来补偿被控对象中的纯滞后部分。这个环节被称为预估器，其传递函数为 $G_p(s)(1-e^{-\tau s})$，τ 为纯滞后时间，补偿后的系统框图如图 5-18 所示。

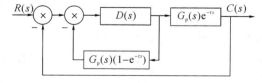

图 5-18　史密斯预估器的控制系统

控制器的闭环传递函数为

$$D'(s) = \frac{D(s)}{1 + D(s)G_p(s)(1 - e^{-\tau s})} \tag{5-26}$$

经补偿后的系统的闭环传递函数为

$$\Phi(s) = \frac{D(s)G_p(s)}{1 + D(s)G_p(s)}e^{-\tau s} \tag{5-27}$$

上式说明，经补偿后消除了纯滞后部分对控制系统的影响，因为式中的 $e^{-\tau s}$ 在闭环控制回路之外，不影响系统的稳定性。拉普拉斯变换的位移定理说明，$e^{-\tau s}$ 仅将控制作用在时间坐标轴上推移了一个时间 τ，控制系统的过渡过程及其他性能指标都与对象特性 $G_p(s)$ 完全相同。

3. 具有纯滞后补偿性能的数字控制器

具有纯滞后补偿性能的控制系统如图 5-19 所示。纯滞后补偿性能的数字控制器由两部分组成：一是数字 PID 控制器；二是史密斯预估器。

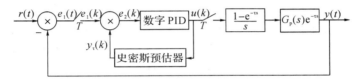

图 5-19 具有纯滞后补偿性能的控制系统

1）史密斯预估器

系统中滞后环节使信号延迟，因此在内存中专门设定 $N+1$ 个单元存放信号 $m(k)$ 的历史数据，N 由下式决定：

$$N = \frac{\tau}{T}$$

式中，τ 为纯滞后时间；T 为采样周期。

每采样一次，把 $m(k)$ 记入 0 单元，同时把 0 单元原来存放的数据移到 1 单元，1 单元原来存放的数据会移到 2 单元，……依此类推。从单元 N 输出的信号，就是滞后 N 个采样周期的 $m(k-N)$ 信号。

史密斯预估器的输出可按图 5-19 的顺序计算。图中，$u(k)$ 是 PID 控制器的输出；$y_\tau(k)$ 是史密斯预估器的输出。

$$y_\tau(k) = m(k) - m(k-N) \tag{5-28}$$

许多工业对象可近似用一阶惯性环节和纯滞后环节的串联表示如下：

$$G_c(s) = G_p(s)e^{-\tau s} = \frac{K_f}{1 + T_f s}(1 - e^{-\tau s}) \tag{5-29}$$

2）纯滞后补偿控制算法步骤

（1）计算反馈回路的偏差 $e_1(k)$：

$$e_1(k) = r(k) - y(k)$$

（2）计算纯滞后补偿器的输出 $y_\tau(k)$：

$$\frac{Y_\tau(s)}{U(s)} = G_p(s)(1 - e^{-\tau s}) = \frac{K_f}{1 + T_f s}(1 - e^{-\tau s})$$

化成微分方程式,可写成

$$T_f \frac{\mathrm{d}y_\tau(t)}{\mathrm{d}t} + y_\tau(t) = K_f\left[u(t) - u(t - NT)\right]$$

利用后向差分代替微分,上式相应的差分方程为

$$y_\tau(k) = a y_\tau(k-1) + b\left[u(k) - u(t - N)\right] \tag{5-30}$$

式中,$a = \dfrac{T_f}{T_f + T}$,$b = K_f \dfrac{T_f}{T_f + T}$。上式是史密斯预估控制算式。

(3)计算偏差 $e_2(k)$:

$$e_2(k) = e_1(k) - y_\tau(k)$$

(4)计算控制器的输出 $u(k)$。

当控制器采用 PID 控制算法时,则

$$u(k) = u(k-1) + \Delta u(k)$$

式中,

$$\Delta u(k) = K_p\left\{\left[e_2(k) - e_2(k-1)\right] + \frac{T}{T_1}e_2(k) + \frac{T_D}{T}\left[e_2(k) - 2e_2(k-1) + e_2(k-2)\right]\right\}$$

史密斯预估器在实际应用中的问题主要表现在:补偿器的参数与被控对象的参数要严格一致,否则会出现预估补偿器不能完全补偿,使系统的稳定性变差。因此,虽然史密斯预估器已从理论上解决了时滞问题,但该方法对模型的精度要求很高,在大多数情况下,要获得对象的精确模型的确存在困难。总的来看,采用史密斯预估器的控制方式,意味着系统对模型的误差非常敏感,系统的鲁棒性较差。这些缺陷限制了它在工业中的广泛应用。

5.4 数字控制器的离散化设计

前面所讨论的连续化数字 PID 控制算法,是以连续时间系统的控制理论为基础的,并在计算机上数字模拟实现,因此它又被称为模拟化设计方法。该方法对一般的调节系统是完全可行的,但它要求的采样周期较小,因此只能实现简单的控制算法。针对控制任务的需要,当所选择的采样周期较大或对控制质量要求较高时,就需要从被控对象的特性出发,使用直接采样理论来设计数字控制器,这种方法称为离散化数字设计。

离散化设计是在 z 平面上设计的方法,对象可以用离散模型表示。或者用离散化模型的连续对象,根据系统的性能指标要求,以采样控制理论为基础,以 z 变换为工具,在 z 域中直接设计出数字控制器 $(1 - z^{-1})$。这种设计法也称直接设计法或 z 域设计法。

由于直接设计法无需离散化,因此也就避免了离散化误差。又因为它是在采样频率给定的前提下进行设计的,可以保证系统性能在此采样频率下达到品质指标要求,所以采样频率不必选得太高。因此,离散化设计法比模拟设计法更具有一般意义。

在图 5-20 所示的计算机控制系统中,$G(s)$ 是被控对象的连续传递函数,$D(z)$ 是数字控制器的脉冲传递函数,$H_0(s)$ 是零阶保持器的传递函数,T 为采样周期。

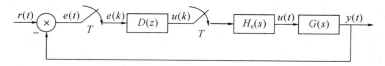

图 5-20　计算机控制系统框图

其广义对象的脉冲传递函数为

$$G_1(z) = z[H_0(s)G(s)] = z\left[\frac{1-e^{-Ts}}{s}G(s)\right] \tag{5-31}$$

其中，$G(s)$ 为被控对象的传递函数，$H_0(s)$ 为零阶保持器，$H_0(s) = \frac{1-e^{-Ts}}{s}$。

系统闭环脉冲传递函数为

$$\Phi(z) = \frac{Y(z)}{R(z)} = \frac{D(z)G_1(z)}{1+D(z)G_1(z)} \tag{5-32}$$

偏差脉冲传递函数为

$$\Phi_e(z) = \frac{E(z)}{R(z)} = \frac{R(z)-Y(z)}{R(z)} = 1-\Phi(z) = \frac{1}{1+D(z)G_1(z)} \tag{5-33}$$

数字控制器脉冲传递函数为

$$D(z) = \frac{U(z)}{E(z)} = \frac{\Phi(z)}{G_1(z)[1-\Phi(z)]} = \frac{1-\Phi_e(z)}{G_1(z)\Phi_e(z)} = \frac{\Phi(z)}{G_1(z)\Phi_e(z)} \tag{5-34}$$

分析图 5-20 可知，$Y(z) = \Phi(z)R(z) = U(z)G_1(z)$，即

$$U(z) = \frac{\Phi(z)R(z)}{G_1(z)} \tag{5-35}$$

由以上公式可以看出，广义对象的 $G_1(z)$ 是零阶保持器和被控对象所固有的，不能改变。只需确定满足系统性能指标要求的 $\Phi(z)$，就可以根据式(5-34)求得满足要求的数字控制器 $D(z)$。由此可得数字控制器的离散化设计步骤为：① 由 $H_0(s)$ 和 $G(s)$ 求取广义对象的脉冲传递函数 $G_1(z)$；② 根据控制系统的性能指标及实现的约束条件构造闭环脉冲传递函数 $\Phi(z)$；③ 根据式(5-34)确定数字控制器的脉冲传递函数 $D(z)$；④ 由 $D(z)$ 确定控制算法的递推计算公式，并编制程序。

5.5　最少拍随动系统的设计

在数字控制系统中，通常把一个采样周期称为一拍。在数字随动控制系统中，要求系统的输出值尽快地跟踪给定值的变化，最少拍控制就是满足这一要求的一种离散化设计方法。最少拍无差控制就是要求闭环系统对于某种特定的输入，在最少个采样周期内，使系统在采样点的输出值准确地跟随输入值，不存在静差。

1. 最少拍数字控制器 $D(z)$ 的设计

最少拍控制系统的性能指标是要求调节时间最短，要求闭环系统对于某种特定的输入在最少个采样周期内达到无静差的稳态。由式(5-33)得偏差表达式如下：

$$E(z) = \Phi_e(z)R(z) = m_1 z^{-1} + \cdots + m_N z^{-N} \tag{5-36}$$

要实现无静差、最少拍，偏差应在最短时间内趋近于零，即上式应是 z^{-1} 的有限项多项式。其中，N 是可能情况下的最小正整数，这一形式表明，偏差在 N 个采样周期后变为零，从而意味着系统在 N 拍之内达到稳定。因此，在输入 $R(z)$ 一定的情况下，就必须求得相应的 $\Phi_e(z)$。在得到 $\Phi_e(z)$ 后，就能得到相应 $\Phi(z)$，并可求得满足要求的数字控制器 $D(z)$。

典型输入信号(单位阶跃函数、单位速度函数、单位加速度函数)的 Z 变换一般表达式如下：

$$R(z)=\frac{A(z)}{(1-z^{-1})^N}$$

式中 $A(z)$ 为不包含 $(1-z^{-1})$ 因式的 z^{-1} 的多项式。根据 Z 变换的终值定理，求系统的稳态误差，并使其为零(无静差，即准确性约束条件)，即

$$e_\infty=\lim_{z\to1}(1-z^{-1})E(z)=\lim_{z\to1}(1-z^{-1})R(z)\Phi_e(z)=\lim_{z\to1}(1-z^{-1})\frac{\Phi_e(z)A(z)}{(1-z^{-1})^N}=0 \quad (5-37)$$

很明显，要使稳态误差为零，$\Phi_e(z)$ 中必须含有 $(1-z^{-1})^M$ 因子，且 $M\geqslant N$，要实现最少拍一般取 $M=N$。同样

$$E(z)=R(z)\Phi_e(z)=\frac{\Phi_e(z)A(z)}{(1-z^{-1})^N} \quad (5-38)$$

要使 $E(z)$ 成为 z^{-1} 有限项的多项式，应使

$$\Phi_e(z)=(1-z^{-1})^NF(z) \quad (5-39)$$

$F(z)$ 为不包含 $1-z^{-1}$ 因式的 z^{-1} 的多项式，$F(z)$ 应尽可能简单，故取 $F(z)=1$。据此，对于不同的输入信号，可选择不同的误差传递函数 $\Phi_e(z)$，从而得到最少拍控制器 $D(z)$。

当输入信号为单位阶跃信号时，

$$\begin{cases}\Phi_e(z)=(1-z^{-1})^NF(z)=1-z^{-1}\\\Phi(z)=1-\Phi_e(z)=z^{-1}\\E(z)=\Phi_e(z)R(z)=\dfrac{1-z^{-1}}{1-z^{-1}}=1\\D(z)=\dfrac{\Phi(z)}{G_1(z)\Phi_e(z)}=\dfrac{z^{-1}}{(1-z^{-1})G_1(z)}\end{cases} \quad (5-40)$$

同理可得速度输入和加速度输入时的控制器，如表 5-2 所示。

表 5-2   3 种典型输入的最少节拍系统

$R(z)$	$\Phi_e(z)$	$\Phi(z)$	$D(z)$	t_s
$\dfrac{1}{1-z^{-1}}$	$1-z^{-1}$	z^{-1}	$\dfrac{z^{-1}}{1-z^{-1}G_1(z)}$	T
$\dfrac{Tz^{-1}}{(1-z^{-1})^2}$	$(1-z^{-1})^2$	$2z^{-1}-z^{-2}$	$\dfrac{2z^{-1}-z^{-2}}{(1-z^{-1})^2G_1(z)}$	$2T$
$\dfrac{T^2z^{-1}(1+z^{-1})}{2(1-z^{-1})^3}$	$(1-z^{-1})^3$	$3z^{-1}-3z^{-2}+z^{-3}$	$\dfrac{3z^{-1}-3z^{-2}+z^{-3}}{(1-z^{-1})^3G_1(z)}$	$3T$

2. 最少拍控制器对典型输入的适应性差

最少拍控制器中的最少拍是针对某一典型输入设计的，对于其他典型输入则不一定为最少拍，甚至引起大的超调和静差。

例 5-1 系统结构如图 5-20 所示，被控对象的传递函数为 $G(s)=\dfrac{2}{s(0.5s+1)}$，零阶保持器为 $H_0(s)=\dfrac{1-e^{-Ts}}{s}$，采样周期 $T=0.5$ s。试设计单位速度输入 $r(t)=t$ 时的最少拍数字控制器 $D(z)$。

解
$$G_1(z) = H_0 G(z) = z\left[\frac{1-\mathrm{e}^{-Ts}}{s} \times \frac{2}{s(0.5s+1)}\right]$$

$$= z\left[(1-\mathrm{e}^{-Ts})\frac{4}{s^2(s+2)}\right]$$

$$= z\left[\frac{4}{s^2(s+2)}\right] - z\left[\frac{4\mathrm{e}^{-Ts}}{s^2(s+2)}\right]$$

$$= z\left[\frac{2}{s^2} - \frac{1}{s} + \frac{1}{s+2}\right] - z\left[\mathrm{e}^{-Ts}\left(\frac{2}{s^2} - \frac{1}{s} + \frac{1}{s+2}\right)\right]$$

$$= (1-z^{-1})\left[\frac{2Tz^{-1}}{(1-z^{-1})^2} - \frac{1}{1-z^{-1}} + \frac{1}{1-\mathrm{e}^{-2T}z^{-1}}\right]$$

$$= \frac{0.368z^{-1}(1+0.718z^{-1})}{(1-z^{-1})(1-0.368z^{-1})}$$

（1）按输入信号为单位速度输入来设计最少拍数字控制器 $D(z)$。

$$D(z) = \frac{1-\varPhi_e(z)}{G_1(z)\varPhi_e(z)} = \frac{1-(1-z^{-1})^2}{\dfrac{0.368z^{-1}(1+0.718z^{-1})}{(1-z^{-1})(1-0.368z^{-1})}(1-z^{-1})^2}$$

$$= \frac{5.435(1-0.5z^{-1})(1-0.368z^{-1})}{(1-z^{-1})(1+0.718z^{-1})}$$

$$Y(z) = \varPhi(z)R(z) = (2z^{-1}-z^{-2})\frac{Tz^{-1}}{(1-z^{-1})^2} = 2Tz^{-2} + 3Tz^{-3} + 4Tz^{-4} + 5Tz^{-5} + \cdots$$

现考察此时的输出序列：

$$Y(0) = 0, \ Y(T) = 0, \ Y(2T) = 2T, \ Y(3T) = 3T, \ Y(4T) = 4T, \cdots$$

（2）当 $D(z)$ 不变，输入信号变为其他函数时，有以下分析。

① 只改变输入信号为单位阶跃信号：

$$Y(z) = \varPhi(z)R(z) = (2z^{-1}-z^{-2})\frac{1}{(1-z^{-1})^2} = 2z^{-1} + z^{-2} + z^{-3} + z^{-4} + z^{-5} + \cdots$$

即

$$Y(0) = 0, \ Y(T) = 0, \ Y(2T) = T^2, \ Y(3T) = 3.5T^2, \ Y(4T) = 7T^2, \cdots$$

输出响应曲线如图 5-21 所示。可见，按单位速度输入设计的最小拍系统，当输入信号为单位阶跃信号时，经过 2 个采样周期，$Y(kT) = R(kT)$，但在 $k=1$ 时，将有 100% 的超调量。

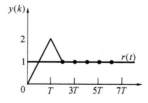

图 5-21 单位阶跃输入时最少拍系统响应曲线

② 只改变输入信号为单位加速度信号：

$$Y(z) = \varPhi(z)R(z) = (2z^{-1}-z^{-2})\frac{T^2z^{-1}(1+z^{-1})}{2(1-z^{-1})^3}$$

$$= T^2z^{-2} + 3.5T^2z^{-3} + 7T^2z^{-4} + 11.5T^2z^{-5} + \cdots$$

即

$$Y(0)=0, Y(T)=0, Y(2T)=T^2, Y(3T)=3.5T^2, Y(4T)=8T^2, \cdots$$

输入系列：

$$R(0)=0, R(T)=0.5T^2, R(2T)=2T^2, R(3T)=4.5T^2, R(4T)=8T^2, \cdots$$

输出响应曲线如图5-22所示。可见，按单位速度输入设计的最小拍系统，当输入信号为单位加速度信号时，输出响应与输入之间总存在偏差。

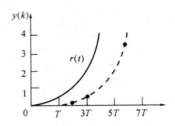

图5-22　速度输入时最少拍系统响应曲线

结论：最少拍系统对输入信号的变化适应性较差。

3. 最少拍控制系统输出量在采样点之间存在波纹

例5-2　如图5-20所示系统，有$G(s)=\dfrac{10}{s(s+1)}$，$H_0(s)=\dfrac{1-e^{-Ts}}{s}$，$T=1$ s。试设计单位阶跃输入时的最少拍调节器$D(z)$，并画出数字控制器输出控制量和系统输出波形。

解
$$G_1(s)=H_0G(z)=z\left[\frac{1-e^{-Ts}}{s}\times\frac{10}{s(s+1)}\right]$$

$$=10(1-z^{-1})z\left[\frac{1}{s^2(s+1)}\right]$$

$$=10(1-z^{-1})z\left[\frac{1}{s^2}-\frac{1}{s}+\frac{1}{s+1}\right]$$

$$=10(1-z^{-1})\left[\frac{Tz^{-1}}{(1-z^{-1})^2}-\frac{1}{1-z^{-1}}+\frac{1}{1-e^{-T}z^{-1}}\right]$$

$$=\frac{3.68z^{-1}(1+0.718z^{-1})}{(1-z^{-1})(1-0.368z^{-1})}$$

若输入信号为单位阶跃信号，根据式(5-40)可得

$$\Phi_e(z)=1-z^{-1}$$

$$D(z)=\frac{1-\Phi_e(z)}{G_1(z)\Phi_e(z)}=\frac{1-[1-z^{-1}]}{\dfrac{3.68z^{-1}(1+0.718z^{-1})}{(1-z^{-1})(1-0.368z^{-1})}(1-z^{-1})}=\frac{0.272-0.100z^{-1}}{1+0.718z^{-1}}$$

现考察此时的输出序列：

$$y(0)=0; \quad y(1)=y(2)=y(3)=\cdots=y(k)=\cdots=1$$

偏差：

$$E(z)=e(0)+e(1)z^{-1}+e(2)z^{-2}+\cdots+e(k)z^{-k}+\cdots=1$$

故

$$e(0)=0; e(1)=e(2)=e(3)=\cdots=e(k)=\cdots=1$$

可见经过一个采样周期后($t_s=1$ s)系统稳态无静差。控制量如下：

$$U(z) = \frac{Y(z)}{G_1(z)} = D(z)E(z) = \frac{0.272 - 0.100z^{-1}}{1 + 0.718z^{-1}} \times 1$$

$$= 0.272 - 0.295z^{-1} + 0.212z^{-2} - 0.152z^{-3} + 0.109z^{-4} + \cdots$$

控制器输出控制量和系统输出波形如图 5-23 所示。

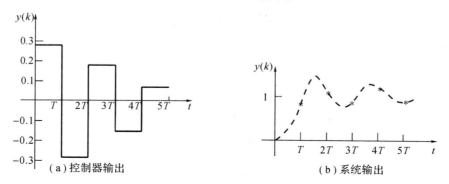

图 5-23　有限拍系统输出序列波形图

结论：经过一拍之后，输出量在采样点上完全等于输入信号，但由于控制量不稳定，输出量在采样点之间还存在一定的误差，即存在波纹。

4. 用 MATLAB 仿真被控过程

在被控对象为 $G_0(s) = \dfrac{4}{s(s+1)}$ 时，令采样周期为 $T = 1\text{ s}$，且输入为单位阶跃信号。

$G_1(s)$ 为包括零阶保持器在内的广义对象的脉冲传递函数：

$$G_1(s) = 4(1-z^{-1})\left[\frac{Tz^{-1}}{(1-z^{-1})^2} - \frac{(1-e^{-T})z^{-1}}{(1-z^{-1})(1-e^{-T}z^{-1})}\right] = \frac{4Tz^{-1}}{1-z^{-1}} - \frac{4(1-e^{-T})z^{-1}}{1-e^{-T}z^{-1}}$$

由于采样周期 $T = 1\text{ s}$：

$$G_1(s) = \frac{2z^{-1}}{1-z^{-1}} - \frac{2(1-e^{-T})z^{-1}}{1-e^{-T}z^{-1}} = \frac{1.466z^{-1}(1+0.729z^{-1})}{(1-z^{-1})(1-0.368z^{-1})}$$

当系统为单位阶跃输入时，系统的闭环脉冲传递函数 $\Phi(z) = z^{-1}$，从而有数字控制器的脉冲传递函数 $D(z)$：

$$D(z) = \frac{\Phi(z)}{G_1(s)[1-\Phi(z)]} = \frac{z^{-1}(1-z^{-1})(1-0.368z^{-1})}{1.466z^{-1}(1+0.729z^{-1})(1-z^{-1})}$$

$$= \frac{0.684 - 0.252z^{-1}}{1 + 0.729z^{-1}}$$

把 $D(z)$ 的计算结果及 $G_0(s)$ 代入到最少拍控制系统的 MATLAB 仿真被控过程的原理方框图，图中全部模块的 time 都设置为 1 s，如图 5-24 所示。仿真被控过程的响应曲线如图 5-25 所示。

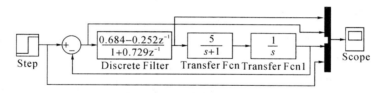

图 5-24　最少拍有纹波控制系统的 MATLAB 仿真图

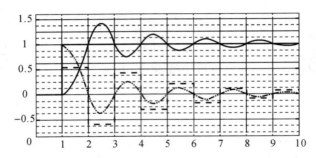

图 5-25 最少拍有纹波控制系统的 MATLAB 响应曲线

图中折线是输入 $r(kT)$，曲线是输出 $y(kT)$，虚线是偏差 $e(kT)$，点画线是控制量 $u(kT)$。

5.6 最少拍无纹波随动系统的设计

在上述最少拍系统设计中，实际上只能保证系统在采样点上的稳态误差为零，而在采样点之间的输出响应可能是波动的，这种波动通常被称为"纹波"。纹波不仅造成采样点之间存在的偏差，而且消耗功率，浪费能量，增加机械磨损。

最少拍无纹波设计的要求是系统在典型输入作用下，能经过尽可能少的采样周期达到稳态，且输出在采样点之间没有纹波。

1. 最少拍有纹波随动系统存在的问题

(1) 系统的输出响应在采样点之间有波纹存在，输出波纹不仅影响系统质量(例如过大的超调和持续振荡)，而且还会增加机械磨损和功率消耗。

(2) 系统对输入信号的变化适应能力比较差。

(3) 对参数变化过于敏感。系统参数一旦变化，就不能再满足控制要求。

因此，希望系统在典型的输入作用下，经过尽可能少的采样周期后(输出响应要快)达到稳定，并且采样点之间没有纹波。这就是本节所要讲的最少拍无纹波系统。与上一节讲的最少拍系统相比，增加了无纹波要求。

2. 纹波产生的原因及设计要求

系统输出在采样点之间产生纹波的原因是由于控制量输出序列 $u(k)$ 经过若干拍后，不为常数(包括 0)。产生这种情况的根源在于控制量 $u(k)$ 的 Z 变换表达式中含有非零极点。根据采样理论可知：采样环节的脉冲响应取决于其极点在 z 平面上的分布。一旦控制量出现了这样的震荡，输出采样点之间就会出现纹波。所谓最少拍无纹波设计，就是对最少拍有纹波控制器进行修正，在有限拍内使 $u(k)$ 为常值或零，即达到稳态。

设广义对象脉冲传递函数 $G(z)$ 是关于 z^{-1} 的有理分式，即

$$G(z) = \frac{P(z)}{Q(z)} \tag{5-41}$$

式中，$P(z)$ 和 $Q(z)$ 分别为 $G(z)$ 的零点多项式和极点多项式。

由式(5-41)得

$$U(z)=\frac{\Phi(z)}{G(z)}R(z)=\frac{\Phi(z)Q(z)}{P(z)}R(z) \tag{5-42}$$

要使控制量 $u(t)$ 在稳态过程中为零或为常数值，必须使多项式 $\dfrac{\Phi(z)Q(z)}{P(z)}$ 是关于 z^{-1} 的有限多项式。因此，此时闭环脉冲传递函数 $\Phi(z)$ 必须包含 $G(z)$ 的分子多项式 $P(z)$，即包含 $G(z)$ 的全部零点，不仅包括单位圆上或圆外的零点，还包括单位圆内的零点，即

$$\Phi(z)=P(z)A(z) \tag{5-43}$$

式中，$A(z)$ 是关于 z^{-1} 的多项式。

所以，要求最少拍无纹波系统的设计除了满足最少拍有纹波系统的一切设计条件外，还必须使 $\Phi(z)$ 包含 $G(z)$ 的所有零点。这样，才能消除控制量的 Z 变换式中引起震荡的所有极点。显然，这样做增加了 $\Phi(z)$ 中 z^{-1} 的幂次，也就增加了调整时间，增加的拍数等于 $G(z)$ 中包含的单位圆内的零点的个数。

3. 设计无纹波系统的必要条件

对阶跃输入，当 $t\geqslant nT$ 时，$y(t)=$ 常数；对速度输入，当 $t\geqslant nT$ 时，$\dot{y}(t)=$ 常数，这样 $G(s)$ 中必须至少含有一个积分环节；对加速度输入，当 $t\geqslant nT$ 时，$\ddot{y}(t)=$ 常数，这样 $G(s)$ 中必须至少含有两个积分环节。

4. 最少拍无纹波系统设计的一般方法

由以上分析可知，最少拍无纹波系统设计的必要条件是，被控对象 $G_c(s)$ 中含有无纹波系统所需的积分环节数。它不仅需要满足有纹波系统的性能要求及全部约束条件，而且必须使得 $\Phi(z)$ 的零点包含 $G(z)$ 的全部零点。因此，可选择闭环脉冲传递函数 $\Phi(z)$ 为

$$\Phi(z)=z^{-m}\prod_{i=1}^{w}(1-b_iz^{-1})(\Phi_0+\Phi_1z^{-1}+\cdots+\Phi_{q+v-1}z^{-q-v-1}) \tag{5-44}$$

式中，m 为广义被控对象 $G(z)$ 的滞后环节；q 在典型输入函数依次为单位阶跃、单位速度、单位加速度函数时，取值分别为 1、2、3；v 为 $G(z)$ 在 z 平面单位圆外或圆上的极点数，这些极点是 a_1, a_2, $\cdots$, a_v；b_1, b_2, $\cdots$, b_w 为 $G(z)$ 的所有零点。

式(5-44)中，$q+v$ 个待定系数可由下列 $q+v$ 个方程确定：

$$\left.\begin{array}{l}\Phi(1)=1\\[4pt]\Phi'(1)=\dfrac{\mathrm{d}\Phi(z)}{\mathrm{d}z}\Big|_{z=1}=0\\[4pt]\vdots\\[4pt]\Phi^{(q-1)}(1)=\dfrac{\mathrm{d}^{q-1}\Phi(z)}{\mathrm{d}z^{q-1}}\Big|_{z=1}=0\end{array}\right\}\ q\text{ 个方程} \tag{5-45}$$

$$\Phi(a_i)=1\quad(i=1,2,\cdots,v)\qquad v\text{ 个方程} \tag{5-46}$$

求解方法与有纹波设计基本是一致的。

5. 最少拍无纹波随动系统的设计举例

由消除纹波的附加条件确定最少拍无纹波 $\Phi(z)$ 的方法如下：

(1) 先按有纹波设计方法确定 $\Phi(z)$；

(2) 再按无纹波附加条件确定 $\Phi(z)$。

例 5 - 3　设计最少拍随动系统，被控对象的传递函数 $G(s)=\dfrac{K}{s(T_{\mathrm{m}}s+1)}$，已知采样周期 $T=1$ s，$T_{\mathrm{m}}=2$，$K=1$。试设计单位阶跃函数输入时的最少拍无纹波数字控制器。

解　(1) 最少拍有纹波设计。

该系统广义对象的脉冲传递函数：

$$G_1(z)=z\left[\frac{1-\mathrm{e}^{-Ts}}{s}\frac{1}{s(1+2s)}\right]=\frac{0.213z^{-1}(1+0.847z^{-1})}{(1-z^{-1})(1-0.6065z^{-1})}$$

由于

$$\begin{cases}\Phi(z)=1-\Phi_e(z)=z^{-1}\\ \Phi_e(z)=(1-z^{-1})\end{cases}$$

故有

$$D(z)=\frac{\Phi(z)}{\Phi_1(z)G_1(s)}=\frac{1-0.6065z^{-1}}{0.213z^{-1}(1+0.847z^{-1})}$$

于是

$$Y(z)=\Phi(z)R(z)=[1-\Phi_e(z)]R(z)=\frac{z^{-1}}{1-z^{-1}}=z^{-1}+z^{-2}+\cdots+z^{-k}+\cdots$$

$$U(z)=D(z)\Phi_e(z)R(z)=\frac{(1-0.6065z^{-1})(1-z^{-1})}{0.213z^{-1}(1+0.847z^{-1})(1-z^{-1})}$$

$$=\frac{4.695-2.847z^{-1}}{1+0.847z^{-1}}$$

$$=4.695-6.824z^{-1}+5.78z^{-2}-4.895z^{-3}+4.146z^{-4}-\cdots$$

控制量和系统输出波形如图 5 - 26 所示，可见控制量不稳定，将使系统输出出现纹波。

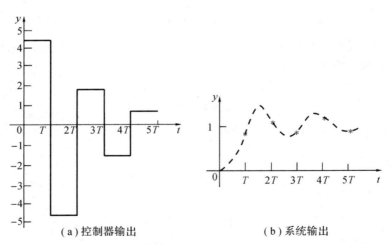

(a) 控制器输出　　　　　　　(b) 系统输出

图 5 - 26　系统输出序列波形图

(2) 无波纹控制器设计。

由步骤(1)可知，$G_1(z)$ 具有 z^{-1} 的因子，零点 $z_1=-0.847$ 和单位圆上的极点 $P_1=1$。根据前面的分析，$\Phi(z)$ 应包含 z^{-1} 的因子和 $G_1(z)$ 的全部零点，$\Phi_e(z)$ 应由 $G_1(z)$ 的不稳定极点和 $\Phi(z)$ 的阶次决定，所以有

$$\begin{cases} \varPhi(z)=1-\varPhi_e(z)=az^{-1}(1+0.847z^{-1}) \\ \varPhi_e(z)=(1-z^{-1})(1+bz^{-1}) \end{cases}$$

式中，a、b 为待定系数。

由上述方程组可得

$$(1-bz^{-1})z^{-1}+bz^{-2}=az^{-1}+0.847az^{-2}$$

比较等式两边的系数，可得

$$\begin{cases} 1-b=a \\ b=0.847a \end{cases}$$

由此可解得待定系数 $a=0.541$；$b=0.459$。

代入方程组，则有

$$\begin{cases} \varPhi(z)=0.541z^{-1}(1+0.847z^{-1}) \\ \varPhi_e(z)=(1-z^{-1})(1+0.459z^{-1}) \end{cases}$$

于是，可求出数字控制器的脉冲传递函数：

$$D(z)=\frac{\varPhi(z)}{\varPhi_e(z)G_1(s)}=\frac{2.54(1-0.6065z^{-1})}{1+0.459z^{-1}}$$

为了检验以上设计的 $D(z)$ 是否仍然有波纹存在，我们来看一下控制量 $U(z)$：

$$U(z)=D(z)\varPhi_e(z)R(z)=\frac{2.54(1-0.6065z^{-1})(1-z^{-1})(1+0.459z^{-1})}{(1+0.459z^{-1})(1-z^{-1})}$$

$$=2.54-1.54z^{-1}$$

由 Z 变换定义可知：

$$U(0)=2.54；U(T)=-1.54；U(2T)=U(3T)=U(4T)=\cdots0$$

可见，系统经过两拍以后，$u(kT)=0$。所以本系统设计是无纹波的。

离散系统经过数字校正后，在单位阶跃作用下，系统输出响应的 Z 变换为

$$Y(z)=\varPhi(z)R(z)=\frac{0.541z^{-1}(1+0.847z^{-1})}{1-z^{-1}}=0.541z^{-1}+z^{-2}+z^{-3}+\cdots$$

由此可得

$$Y(0)=0，Y(T)=0.541，Y(2T)=Y(3T)=\cdots=1$$

控制量和系统输出波形如图 5-27 所示，可见控制量稳定，将使系统输出无纹波。无纹波系统的调整时间比有纹波系统的调整时间增加一拍，增加的拍数正好等于 $G_1(z)$ 在单位圆内的零点数目。

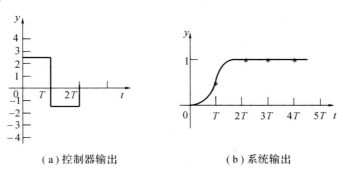

（a）控制器输出　　　　　　（b）系统输出

图 5-27　系统输出序列波形图

103

小　结

本章主要介绍计算机控制系统的数字控制器的连续化设计方法和离散化设计方法。模拟调节器在工业生产过程中广泛应用，其设计方法也被多数技术人员所掌握，连续化设计方法就是在这种情况下产生的。它是用设计模拟调节器的方法设计控制器，然后再将设计完成的控制器进行离散化，离散化之后的形式就是数字控制器。连续化设计方法是基于被控对象本身来设计控制器的一种设计方法。

连续化设计方法主要介绍 PID 控制器设计和史密斯预估器设计。其中数字 PID 控制器是一种使用灵活的调节方式，在计算控制系统中是由软件完成的。对于带有滞后的被控对象，采用数字 PID 控制器的调节效果并不能很好地满足要求。对于此类系统的控制器设计，可以使用史密斯预估器的设计方法来完成。

离散化设计方法介绍了最少拍、最少拍无纹波数字控制器设计的方法。其中最少拍设计方法适合于随动系统的设计，这类系统对调节时间的要求更高。

习　题

1. $D(z)$ 的设计方法常见的有哪两种？
2. 数字控制器的直接设计步骤是什么？
3. 最少拍系统的概念是什么？最少拍控制中主要研究哪三种类型的设计方法？
4. 被控对象的传递函数为 $G_c(s)=1/s$，采样周期 $T=0.5$ s，采用零阶保持器，针对单位阶跃输入函数，试设计：

（1）最少拍控制器 $D(z)$。

（2）画出采样瞬间数字控制器的输出和系统的输出曲线。

5. 已知广义被控对象：$G(s)=\dfrac{1-e^{-Ts}}{s}\dfrac{1}{s+2}$，给定 $T=2$ s，针对单位加速度输入，试设计最小拍无纹波控制系统，并画出系统的输出波形图。

6. 已知广义被控对象：$G(z)=\dfrac{0.146z^{-1}(1+1.79z^{-1})}{(1-z^{-1})^2(1-0.191z^{-1})}$，针对单位阶跃输入，试设计最少拍有纹波数字控制器 $D(z)$。

第6章 抗干扰技术

干扰是指有用信号以外的噪声或造成计算机设备不能正常工作的破坏因素。产生干扰信号的原因被称为干扰源。干扰源通过传播途径影响的器件或系统被称为干扰对象。按干扰作用方式的不同，干扰可分为差模干扰、共模干扰和长线传输干扰。在硬件抗干扰措施中，除了按照干扰的 3 种主要作用方式——串模、共模及长线传输干扰来分别考虑外，还要从布线、电源、接地等方面考虑。软件的抗干扰设计是系统抗干扰设计的一个重要组成部分，在许多情况下系统的抗干扰不可能完全依靠硬件来解决，而软件的抗干扰设计往往成本低、见效快，能起到事半功倍的效果。

掌握各种干扰的传播途径与作用方式以及软硬件抗干扰技术，了解软件出错对系统的危害，了解输入/输出软件抗干扰措施。

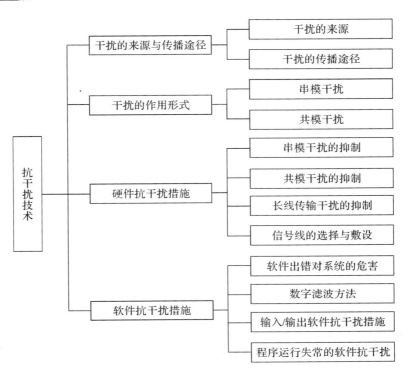

计算机控制系统的被控变量分布在工业生产现场的各个角落，由于工业现场的电磁环境或者系统内部干扰，容易形成多种干扰信号。干扰是有用信号以外的噪声，这些干扰会影响系统的测控精度，降低系统的可靠性，甚至导致系统运行混乱，造成生产事故。

但干扰是客观存在的，所以，人们必须研究干扰，以采取相应的抗干扰措施。解决计算机控制系统的抗干扰问题主要通过两种途径：一是找到干扰源，寻找办法抑制或消除干扰，避免干扰串入系统；二是从干扰作用的形式途径入手，提高计算机控制系统自身的抗干扰能力，可以采用硬件抗干扰电路等来解决。

6.1 干扰的来源与传播途径

6.1.1 干扰的来源

干扰的来源是多方面的，有时甚至是错综复杂的。干扰有的来自外部，有的来自内部。

1. 外部干扰

外部干扰由使用条件和外部环境因素决定。外部干扰环境如图 6-1 所示。外部干扰主要有：天电干扰，例如雷电或大气电离作用以及其他气象引起的干扰电波；天体干扰，例如太阳或其他星球辐射的电磁波；电气设备的干扰，例如广播电台或通信发射台发出的电磁波、动力机械、高频炉、电焊机等都会产生干扰。此外，荧光灯、开关、电流断路器、过载继电器、指示灯等具有瞬变过程的设备也会产生较大的干扰；来自电源的工频干扰也可视为外部干扰。

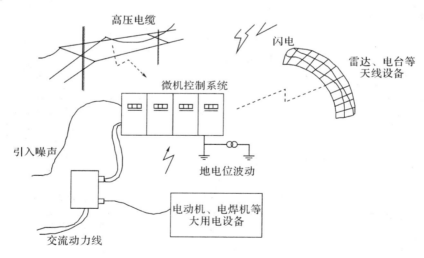

图 6-1 外部干扰设备

2. 内部干扰

内部干扰则是由系统的结构布局、制造工艺所引入的。内部干扰环境如图 6-2 所示。内部干扰主要有：分布电容、分布电感引起的耦合感应，电磁场辐射感应，长线传输造成的波反射；多点接地造成的电位差引入的干扰；装置及设备中各种寄生振荡引入的干扰，以及热噪声、闪变噪声、尖峰噪声等引入的干扰；还有元器件产生的噪声等。

图 6-2　内部干扰环境

6.1.2　干扰的传播途径

干扰传播的途径主要有 3 种：静电耦合、磁场耦合和公共阻抗耦合。

1. 静电耦合

静电耦合是电场通过电容耦合途径窜入其他线路形成的。两根并排的导线之间会构成分布电容，如印制线路板上印制线路之间、变压器绕线之间都会构成分布电容。图 6-3 为两根平行导线之间静电耦合的示意电路，C_{12} 是两个导线之间的分布电容，C_{1g}、C_{2g} 是导线对地的电容，R 是导线 2 对地电阻。如果导线 1 上有信号 U_1 存在，那么它就会成为导线 2 的干扰源，在导线 2 上产生干扰电压 U_n。显然，干扰电压 U_n 与干扰源 U_1 以及分布电容 C_{1g}、C_{2g} 的大小有关。

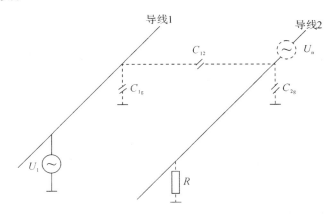

图 6-3　两根平行导线之间的静电耦合

2. 磁场耦合

空间的磁场耦合是通过导体间的互感耦合产生的。在任何载流导体周围空间中都会产生磁场，而交变磁场会对其周围的闭合电路产生感应电势。图 6-4 是两根导线平行架设时的磁场干扰。

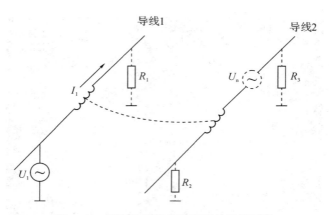

图 6-4　两根导线平行架设时的磁场干扰

如果导线 1 为承载着 10 kVA、220 V 的交流输电线，导线 2 为与之相距 1 m 并平行走线 10 m 的信号线，两线之间的互感 M 会使信号线上感应到的干扰电压 U_n 高达几十毫伏。如果导线 2 是连接热电偶的信号线，那么这几十毫伏的干扰噪声足以淹没热电偶传感器的有用信号。

3. 公共阻抗耦合

公共阻抗耦合发生在两个电路的电流流经一个公共阻抗时，一个电路在该阻抗上的电压降会影响到另一个电路，从而产生干扰噪声。图 6-5 为公共电源线的阻抗耦合示意图。

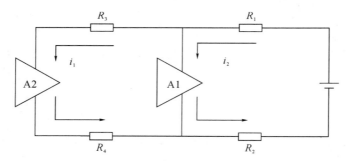

图 6-5　公共电源线的阻抗耦合

在一块印制电路板上，运算放大器 A1 和 A2 是两个独立的回路，但都接入一个公共电源，电源回流线的等效电阻 R_1、R_2 是两个回路的公共阻抗。当回路电流 i_1 变化时，在 R_1 和 R_2 上产生的电压降变化就会影响到另一个回路电流 i_2，反之也如此。

6.2　干扰的作用形式

6.2.1　串模干扰

电磁感应和静电感应的干扰都和信号串联有关，也就是以串模干扰的形式出现。串模干扰是指干扰电压与有效信号串联叠加后作用到仪表上的干扰。它通常来自于高压输电线、与信号线平行铺设的电源线及大电流控制线所产生的空间磁场。串模干扰又被称作差模干扰。其示意图如图 6-6 所示。

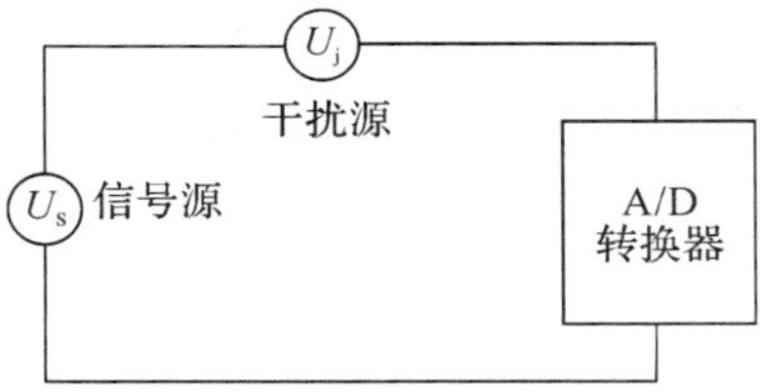

　　传感器的信号线有时候长达 $100\sim200$ m，电磁感应和静电耦合作用加上长距离传输信号线上的感应电压，于是就产生了很大的干扰。另外，信号源本身固有的漂移、纹波和噪声，以及电源变压器的不良屏蔽或不良稳压滤波效果也会引入串模干扰。

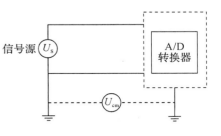

图 6-6　串模干扰示意图

6.2.2　共模干扰

　　共模干扰是在电路输入端相对公共接地点同时出现的干扰，即输入通道上共有的干扰电压，所以也被称为共态电压、对地干扰、纵向干扰、同向干扰等。共模干扰主要是由电源的地、放大器的地以及信号源的地之间的传输线上的电压降造成的，如图 6-7 所示。

　　通过静电耦合的方式，能在两个输入端引起对地的共同电压，以共模干扰的形式出现。共模干扰可以是

图 6-7　共模干扰示意图

直流电压，也可以是交流电压，其幅值可以达到 $1\sim10$ V。被测信号 U_s 的参考接地点和仪表输入信号的参考接地点之间往往存在着一定的电位差 U_{cm}。对于两个输入端而言，分别有 U_s 和 U_{cm} 两个输入信号。显然 U_{cm} 是转换器输入端上共有的干扰电压，故称共模干扰电压。在被测量电路中，被测信号有单端对地输入和双端不对地输入两种。对于存在共模干扰的场合，不能采用单端对地输入，否则共模干扰电压将全部成为串模干扰电压。干扰侵入线路和地线之间，干扰电流在两条线上各流过一部分，以地为公共回路，而信号电流只在往返两条线路中流过。本质上讲，这种干扰是可以除掉的。在实际线路中由于线路阻抗不平衡，共模干扰会转换成串模干扰，就难以消除了。通常 IN/OUT 线与大地或者机壳之间发生的干扰都是共模干扰，信号线受到静电感应时产生的干扰也多被称为共模干扰。虽然共模干扰不与信号相叠加，不直接对仪表产生影响，但它能通过测量系统形成到地的泄漏电流，该泄漏电流通过电阻的耦合就能直接作用于仪表，从而产生干扰。在了解了各种不同的干扰源之后，人们就可以针对不同的情况采取对应的措施来消除或避免干扰。因为所有的干扰源都是通过一定的耦合通道对仪表产生影响的，因此人们可以通过切断干扰的耦合通道来抑制干扰。

6.3　硬件抗干扰措施

　　了解了干扰的来源与传播途径，我们就可以采取相应的抗干扰措施。在硬件抗干扰措施中，除了按照干扰的 3 种主要作用方式：串模、共模及长线传输干扰来分别考虑外，还要从布线、电源、接地等方面考虑。

6.3.1　串模干扰的抑制

　　串模干扰是指叠加在被测信号上的干扰噪声，即干扰源串联在信号源回路中。其表现

形式与产生原因如图 6-8 所示。图中 U_s 为信号源，U_n 为串模干扰电压，邻近导线（干扰线）有交变电流 I_a 流过。由 I_a 产生的电磁干扰信号会通过分布电容 C_1 和 C_2 的耦合引至计算机控制系统的输入端。

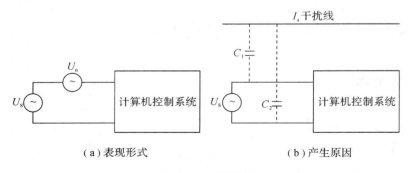

（a）表现形式　　　　　　　　（b）产生原因

图 6-8　串模干扰

对串模干扰的抑制较为困难，因为干扰 U_n 直接与信号 U_s 串联。目前，常采用双绞线与滤波器两种措施。

1. 双绞线作信号引线

双绞线由两根互相绝缘的导线扭绞缠绕组成，为了增强抗干扰能力，可在双绞线的外面加金属编织物或护套形成屏蔽双绞线。图 6-9 为带有屏蔽护套的多股双绞线实物。

采用双绞线作信号线，是因为外界电磁场会在双绞线相邻的小环路上形成相反方向的感应电势，从而互相抵消减弱干扰作用。双绞线相邻的扭绞处之间为双绞线的节距，双绞线不同的节距会对串模干扰起到不同的抑制效果，如表 6-1 所示。

表 6-1　双绞线的不同抑制效果

节距/mm	干扰衰减比	屏蔽效果
100	14:1	23
75	71:1	37
50	112:1	41
25	141:1	43
平行线	1:1	0

图 6-9　带有屏蔽护套的多股双绞线

双绞线可用来传输模拟信号和数字信号，用于点对点连接和多点连接应用场合，其传输距离为几千米，数据传输速率可达 2 Mb/s。

2. 引入滤波电路

采用硬件滤波器抑制串模干扰是一种常用的方法。根据串模干扰频率与被测信号频率的分布特性，可以选用低通、高通、带通等滤波器。如果干扰频率比被测信号频率高，则选用低通滤波器；如果干扰频率比被测信号频率低，则选用高通滤波器；如果干扰频率落在被测信号频率的两侧，则需用带通滤波器。一般采用电阻 R、电容 C、电感 L 等无源元件构成滤波器。图 6 - 10(a)所示为在模拟量输入通道中引入的一个无源二级阻容低通滤波器，但它的缺点是对有用信号也会有较大的衰减。为了把增益与频率特性结合起来，对于小信号可以采取以反馈放大器为基础的有源滤波器，它不仅可以达到滤波效果，而且能够提高信号的增益，如图 6 - 10 (b)所示。

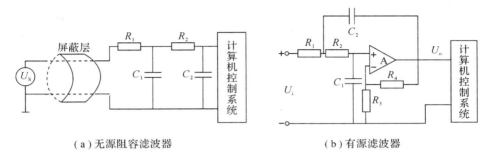

（a）无源阻容滤波器　　　　　　　　（b）有源滤波器

图 6 - 10　分立元件构成滤波器

6.3.2　共模干扰的抑制

共模干扰是指计算机控制系统输入通道中信号放大器两个输入端上共有的干扰电压，它可以是直流电压，也可以是交流电压，其幅值可达几伏甚至更高，这取决于现场产生干扰的环境条件和计算机等设备的接地情况。其表现形式与产生原因如图 6 - 11 所示。

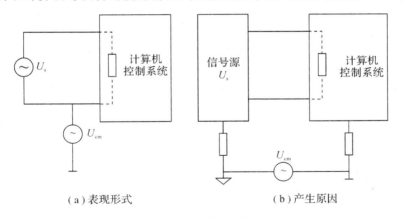

（a）表现形式　　　　　　　　　　　　（b）产生原因

图 6 - 11　共模干扰

在计算机控制系统中一般都用较长的导线把现场中的传感器或执行器引至计算机系统的输入通道或输出通道中，这类信号传输线通常长达几十米甚至上百米。这就使得现场信号的参考接地点与计算机系统输入或输出通道的参考接地点之间产生了一个电位差 U_{cm}。这个 U_{cm} 是加在放大器输入端上共有的干扰电压，故被称为共模干扰电压。

既然共模干扰产生的原因是不同"地"之间存在的电压，以及模拟信号系统对地的漏阻抗，那么，共模干扰电压的抑制方法就应当是有效地隔离两个地之间的电联系，以及对被测信号的双端采用差动输入方式。具体的有变压器隔离、光电隔离与浮地屏蔽 3 种措施。

1. 变压器隔离

利用变压器把现场信号源的地与计算机的地隔离开来，也就是把"模拟地"与"数字地"断开，此时被测信号通过变压器耦合获得通路，而共模干扰电压由于不成回路而得到有效的抑制。

要注意的是，隔离前和隔离后应分别采用两组互相独立的电源，以切断两部分的地线联系，如图 6-12 所示。被测信号 U_s 经双绞线引到输入通道中的放大器，放大后的直流信号 U_{s1} 先通过调制器变换成交流信号，经隔离变压器 T 由原边传输到副边，然后用解调器再将它变换为直流信号 U_{s2}，再对 U_{s2} 进行 A/D 转换。这样，被测信号通过变压器的耦合获得通路，而共模电压由于变压器的隔离无法形成回路而得到有效的抑制。

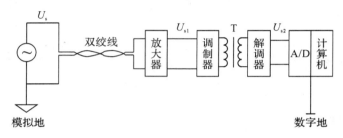

图 6-12　变压器隔离

2. 光电隔离

光电耦合隔离器是目前计算机控制系统中最常用的一种抗干扰方法。利用光耦隔离器的开关特性，可传送数字信号使其隔离电磁干扰，即在数字信号通道中进行隔离。开关量输入信号调理电路中，光耦隔离器不仅把开关状态送至主机数据口，而且可实现外部与计算机的完全电隔离；在继电器输出驱动电路中，光耦隔离器不仅可以把 CPU 的控制数据信号输出到外部的继电器，而且可以实现计算机与外部的完全电隔离。

其实在模拟量输入/输出通道中也主要应用这种数字信号通道的隔离方法，即在 A/D转换器与 CPU 或 CPU 与 D/A 转换器的数字信号之间插入光耦隔离器，以进行数据信号和控制信号的耦合传送，如图 6-13 所示。如图 6-13(a)所示在 A/D 转换器与 CPU 接口之间有 8 根数据线，各线之间插接有一个光耦隔离器(图中只画出了一个)，不仅照样无误地

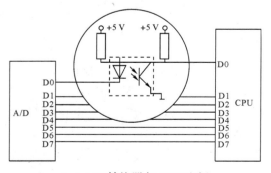

(a) A/D 转换器与 CPU 之间

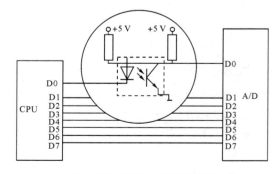

(b) CPU 与 D/A 转换器之间

图 6-13　光耦隔离器

传送数字信号，而且实现了 A/D 转换器及其模拟量输入通道与计算机的完全电隔离。如图 6-13（b）所示在 CPU 与 D/A 转换器接口之间有 8 根数据线，各线之间插接有一个光耦隔离器（图中也只画出了一个），不仅照样无误地传送数字信号，而且实现了计算机与 D/A 转换器及其模拟量输出通道的完全电隔离。

　　利用光耦隔离器的线性放大区，也可传送模拟信号而隔离电磁干扰，即在模拟信号通道中进行隔离。例如，在现场传感器与 A/D 转换器，或 D/A 转换器与现场执行器之间的模拟信号的线性传送，就是在通道中进行光电隔离的，如图 6-14 所示。

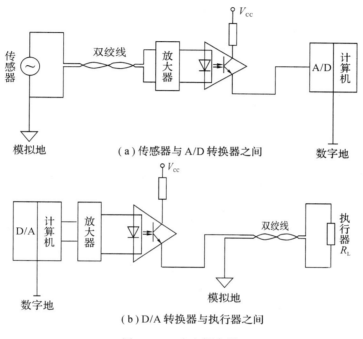

图 6-14　光电耦合器

　　在图 6-14(a)所示的输入通道的现场传感器与 A/D 转换器之间，光电耦合器一方面把放大器输出的模拟信号线性地光耦（或放大）到 A/D 转换器的输入端，另一方面又切断了现场模拟地与计算机数字地之间的联系，起到了很好的抗共模干扰作用。在图 6-14(b)所示的输出通道的 D/A 转换器与执行器之间，光电耦合器一方面把放大器输出的模拟信号线性地光耦（或放大）输出到现场执行器，另一方面又切断了计算机数字地与现场模拟地之间的联系，起到了很好的抗共模干扰作用。

　　光耦的这两种隔离方法各有其优缺点。模拟信号隔离方法的优点是使用的光耦数量少，成本低；缺点是调试困难，如果光耦挑选得不合适，就会影响系统的精度。数字信号隔离方法的优点是调试简单，不影响系统的精度；缺点是使用的光耦器件较多，成本较高。但因光耦的价格越来越低廉，因此，目前在实际工程中主要使用的是光耦隔离器的数字信号隔离法。

3. 浮地屏蔽

　　浮地屏蔽是利用屏蔽层使输入信号的"模拟地"浮空，使共模输入阻抗大为提高，共模电压在输入回路中引起的共模电流大为减少，从而抑制了共模干扰的来源，使共模干扰降至很低。图 6-15 为浮地输入双层屏蔽放大电路。

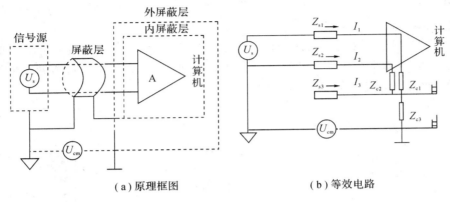

（a）原理框图　　　　　　（b）等效电路

图 6-15　浮地输入双层屏蔽放大电路

　　计算机部分采用内外两层屏蔽，且内屏蔽层对外屏蔽层（机壳地）是浮地的，而内层与信号源及信号线屏蔽层是在信号端单点接地的，被测信号到控制系统中的放大器采用的是双端差动输入方式。在图 6-15 中，Z_{s1}、Z_{s2} 为信号源内阻及信号引线电阻，Z_{s3} 为信号线的屏蔽电阻，它们至多只有十几欧姆左右；Z_{c1}、Z_{c2}、Z_{c3} 为放大器输入端对内屏蔽层的漏阻抗，Z_{c3} 为内屏蔽层与外屏蔽层之间的漏阻抗。在工程设计中 Z_{c1}、Z_{c2}、Z_{c3} 应达到数十兆欧姆以上，这样模拟地与数字地之间的共模电压 U_{cm} 在进入放大器以前将会被衰减到很小。这是因为首先在 U_{cm}、Z_{s3}、Z_{c3} 构成的回路中，$Z_{c3} \gg Z_{s3}$，因此干扰电流 I_3 在 Z_{s3} 上的分压 U_{s3} 就小得多；同理，U_{s3} 分别在 Z_{s2} 与 Z_{s1} 上的分压 U_{s2} 与 U_{s1} 又被衰减很多，而且是同时加到运算放大器的差动输入端，也即被 2 次衰减到很小的干扰信号再次相减，余下的进入计算机系统内的共模电压在理论上几乎为零。因此，这种浮地屏蔽系统对抑制共模干扰是很有效的。

6.3.3　长线传输干扰的抑制

　　由生产现场到计算机的连线往往长达几十米甚至数百米。即使在中央控制室内，各种连线也有几米到十几米。对于采用高速集成电路的计算机来说，长线的"长"是一个相对的概念，是否是"长线"取决于集成电路的运算速度。例如，对于纳秒级的数字电路来说，1 m 左右的连线就应当作长线来看待；而对于 10 μs 级的电路，几米长的连线才需要当作长线处理。

　　信号在长线中的传输除了会受到外界干扰和引起信号延迟外，还可能会产生波反射现象。当信号在长线中传输时，由于传输线的分布电容和分布电感的影响，信号会在传输线内部产生正向前进的电压波和电流波，这被称为入射波。

1. 波阻抗的测量

　　为了进行阻抗匹配，必须事先知道信号传输线的波阻抗 R_p，波阻抗 R_p 的测量如图 6-16所示。图中的信号传输线为双绞线，在传输线始端通过与非门加入标准信号，用示波器观察门 A 的输出波形，调节传输线终端的可变电阻 R，当门 A 输出的波形不畸变时，说明传输线的波阻抗与终端阻抗完全匹配，反射波完全消失，这时的 R 值就是该传输线的波阻抗，即 $R_p = R$。

图 6-16　波阻抗 R_p 的测量

为了避免外界干扰的影响，在计算机中常常采用双绞线和同轴电缆作信号线。双绞线的波阻抗一般为 $100 \sim 200\ \Omega$，绞花越密，波阻抗越低。同轴电缆的波阻抗约为 $50 \sim 100\ \Omega$。

2. 终端阻抗匹配

最简单的终端阻抗匹配方法如图 6-17（a）所示。如果传输线的波阻抗是 R_p，那么当 $R = R_p$ 时，便实现了终端匹配，消除了波反射。此时终端波形和始端波形的形状一致，只是在时间上滞后。由于终端电阻变低，则加大负载，使波形的高电平下降，从而降低了高电平的抗干扰能力，但对波形的低电平没有影响。

为了克服上述匹配方法的缺点，可采用图 6-17（b）所示的终端匹配方法。

适当调整 R_1 和 R_2 的阻值，可使 $R = R_p$。这种匹配方法也能消除波反射，优点是波形的高电平下降较少，缺点是低电平抬高，从而降低了低电平的抗干扰能力。为了同时兼顾高电平和低电平两种情况，可选取 $R_1 = R_2 = 2R_p$，此时等效电阻 $R = R_p$。实践中宁可使高电平降低得稍多一些，而让低电平抬高得少一些，可通过适当选取电阻 R_1 和 R_2，并使 $R_1 > R_2$ 来达到此目的，当然还要保证等效电阻 $R = R_p$。

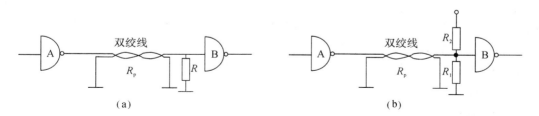

图 6-17　终端阻抗匹配

3. 始端阻抗匹配

在传输线始端串入电阻 R，如图 6-18 所示，也能基本上消除反射，达到改善波形的目的。一般选择始端匹配电阻 R 为：$R = R_p - R_{sc}$，其中，R_{sc} 为门 A 输出低电平时的输出阻抗。

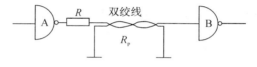

图 6-18　始端阻抗匹配

这种匹配方法的优点是波形的高电平不变，缺点是波形低电平会抬高，这是由于终端门 B 的输入电流在始端匹配电阻 R 上的压降所造成的。显然，终端所带负载门个数越多，则低电平抬高得越显著。

6.3.4 信号线的选择与敷设

在计算机控制系统中,信号线的选择与敷设是个不容忽视的问题。如果能合理地选择信号线并在实际施工中正确地敷设信号线,那么就可以成功地抑制干扰;反之,将会给系统引入干扰,造成不良影响。

1. 信号线的选择

对信号线的选择,一般应从抗干扰和经济实用这两个方面考虑,而抗干扰能力应放在首位。不同的使用现场,干扰情况不同,应选择不同的信号线。在不降低抗干扰能力的条件下,应该尽量选用价钱便宜、敷设方便的信号线。

(1)信号线类型的选择。在精度要求高、干扰严重的场合,应当采用屏蔽信号线。表6-2所列为几种常用的屏蔽信号线的结构类型及其对干扰的抑制效果。有屏蔽层的塑料电缆是按抗干扰原理设计的,几十对信号在同一电缆中也不会互相干扰。屏蔽双绞线与屏蔽电缆相比性能稍差,但波阻抗高、体积小、可挠性好、装配焊接方便,特别适用于互补信号的传输。双绞线之间的串模干扰小、价格低廉,是计算机控制实时系统常用的传输介质。

表6-2　不同屏蔽信号线的抑制效果

屏蔽结构	干扰衰减比	屏蔽效果/dB	备　注
铜网(密度85%)	103∶1	40.3	电缆的可挠性好,适合近距离使用
铜带叠卷(密度90%)	376∶1	51.5	带有焊药,易接地,通用性好
铝聚酯树脂带叠卷	6610∶1	75.4	应使用电缆沟,抗干扰效果最好

(2)信号线粗细的选择。从信号线价格、强度及施工方便等因素出发考虑,信号线的截面积应在 2 mm² 以下为宜,一般采用 1.5 mm² 和 1.0 mm² 两种。采用多股线电缆较好,其优点是可挠性好,适宜于电缆沟有拐角和狭窄的地方。

2. 信号线的敷设

选择了合适的信号线,还必须合理地进行敷设。否则,不仅达不到抗干扰的效果,反而会引起干扰。信号线的敷设要注意以下事项。

(1)模拟信号线与数字信号线不能合用同一根电缆,要绝对避免信号线与电源线合用同一根电缆。

(2)屏蔽信号线的屏蔽层要一端接地,同时要避免多点接地。

(3)信号线的敷设要尽量远离干扰源,例如避免敷设在大容量变压器、电动机等电气设备的附近。如果有条件,将信号线单独穿管配线,在电缆沟内从上到下依次架设信号电缆、直流电源电缆、交流低压电缆、交流高压电缆。

(4)信号电缆与电源电缆必须分开,并尽量避免平行敷设。如果现场条件有限,信号电缆与电源电缆不得不敷设在一起时,则应满足以下条件:电缆沟内要设置隔板,且使隔板与大地连接,如图6-19(a)所示;电缆沟内用电缆架或在沟底自由敷设时,信号电缆与电源电缆间距一般应在15 cm以上,如图6-19(b)、图6-19(c)所示;如果电源电缆无屏蔽,且交流电压为220 V、电流为10 A时,两者间距应在60 cm以上;电源电缆应使用屏蔽罩,如图 6 - 19(d)所示。

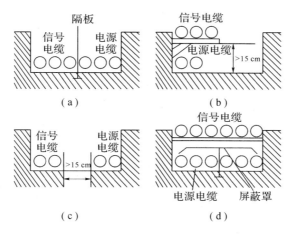

图 6 - 19　信号电缆与电源电缆的敷设

6.4　软件抗干扰措施

　　软件的抗干扰设计是系统抗干扰设计的一个重要组成部分,在许多情况下系统的抗干扰不可能完全依靠硬件来解决,而采取软件抗干扰设计,往往具有成本低、见效快,事半功倍的效果。如果和硬件抗干扰措施相比较的话,硬件措施是主动地在干扰通道上增加防护,或者对于"跑飞"的程序利用硬件电路强制系统复位;软件则是系统抗干扰的最后一道防线,其防护措施是被动的。由于其设计灵活,节省硬件资源,所以软件抗干扰技术越来越引起人们的重视。

6.4.1　软件出错对系统的危害

1. 数据采集不可靠

　　在数据采集通道上,尽管采取了一些必要的抗干扰措施,但在数据传输的过程中仍然会有一些干扰入侵系统,造成采集的数据不准确,形成误差。

2. 控制失灵

　　一般情况下,控制状态的输出是通过微机控制系统的输出通道实现的。由于控制信号输出功率比较大,因此不易直接受到外界的干扰。但是在微机控制系统中,控制状态的输出常常取决于某些条件状态的输入和条件状态的逻辑处理结果。在这些环节中,由于干扰的侵入,可能会造成条件状态的偏差、失误,致使输出控制误差加大,甚至控制失灵。

3. 程序运行失常

　　微型计算机系统被引入强干扰时,程序计数器(PC)的值可能被改变,这会破坏程序的正常运行。被干扰后的 PC 是随机的,这将引起程序执行一系列毫无意义的指令,最终可能导致程序"死循环"。

6.4.2　数字滤波方法

　　所谓数字滤波,就是通过一定的计算或判断程序减少干扰在有用信号中的比例,实质上是一种程序滤波。数字滤波是提高数据采集系统可靠性最有效的方法，因此在微机控制系统中一般都要使用数字滤波。

与模拟滤波器相比，数字滤波有以下几个优点：

（1）数字滤波是用程序实现的，不需要增加硬件设备。

（2）可以对频率很低（如 0.01 Hz）的信号实现滤波，克服了模拟滤波器的缺陷。

（3）可根据信号的不同，采用不同的滤波方法或滤波参数，具有灵活、方便、功能强的特点。

1. 限幅滤波法

限幅滤波法又称程序判断滤波法，其做法是把相邻两次的采样值相减，求出其增量（以绝对值表示），然后与两次采样允许的最大差值（由被控对象的实际情况决定）Δy 进行比较。若增量小于或等于 Δy，则取本次采样值；若增量大于 Δy，则仍取上次采样值作为本次采样值，即有以下采样方法。

（1）$|Y(k)-Y(k-1)|\leqslant\Delta y$，则 $Y(k)=Y(k)$。

（2）$|Y(k)-Y(k-1)|>\Delta y$，则 $Y(k)=Y(k-1)$。

其中，$Y(k)$ 是第 k 次采样值，$Y(k-1)$ 是第 $k-1$ 次采样值，Δy 是两次相邻采样值所允许的最大偏差，其大小取决于采样周期 T 及 Y 值的动态响应。

限幅滤波法能有效克服因偶然因素引起的脉冲干扰，其缺点是无法抑制周期性的干扰，平滑度差。

2. 中位值滤波法

中位值滤波法是连续采样 N 次（N 取奇数），把 N 个采样值按大小排列，取中间值为本次有效值。这样能有效地克服因偶然因素引起的波动干扰，对温度、液位等变化缓慢的被测参数有良好的滤波效果，但对流量、速度等快速变化的参数不适合。

3. 算术平均滤波法

算术平均滤波法是连续取 N 个采样值进行算术平均运算。N 值较大时，信号平滑度较高，但灵敏度较低；N 值较小时，信号平滑度低，但灵敏度较高。N 值的选取：流量可取 $N=2$，压力取 $N=4$。其计算公式如下：

$$\bar{x}(k) = \frac{1}{N}\sum_{i=1}^{N} x_i$$

该方法适用于对具有随机干扰的信号进行滤波。该信号的特点是有一个平均值，信号在某一数值范围附近上下波动。但对于测量速度慢或者数据计算速度较快的场合不适合用，较为浪费存储空间。

4. 递推平均滤波法

递推平均滤波法是把连续取的 N 个采样值看成一个队列，队列的长度固定为 N，每次采样得到一个新数据放入队尾，并去掉原来队首的一个数据（先进先出原则），把队列中的 N 个数据进行算术平均运算，就可以获得新的滤波结果。N 值的选取：流量可取 $N=12$；压力取 $N=4$；液面取 $N=4\sim12$；温度取 $N=1\sim4$。

该方法对周期性干扰有良好的抑制作用，平滑度高，适用于高频振荡系统。其缺点是灵敏度低，对偶然出现的脉冲性干扰的抑制作用较差，不易消除由于脉冲干扰所引起的采样值偏差，不适用于脉冲干扰比较严重的场合，比较浪费存储空间。

5. 中位值平均滤波法

中位值平均滤波法相当于"中位值滤波法"和"算术平均滤波法"两种方法的混合使用，即连续采样 N 个数据，去掉一个最大值和一个最小值，然后计算 $N-2$ 个数据的算术平均值。N 值的选取范围为 3～14。两种方法的混合使用融合了两种滤波法的优点，对于偶然出现的脉冲性干扰，可消除由于脉冲干扰所引起的采样值偏差。其缺点是测量速度较慢，和算术平均滤波法一样，比较浪费存储空间。

6. 限幅平均滤波法

限幅平均滤波法相当于同时使用了"限幅滤波法"和"递推平均滤波法"，对每次采样到的新数据先进行限幅处理，再送入队列进行递推平均滤波处理。所以其优点是融合了两种滤波法的长处，对于偶然出现的脉冲性干扰，可消除由于脉冲干扰所引起的采样值偏差。不足之处是比较浪费存储空间。

7. 一阶滞后滤波法

前面讲的几种滤波方法基本上属于静态滤波，适用于变化过程比较快的参数，例如压力、流量等。但对于慢速随机变量采用短时间内连续采样求平均值的方法，其滤波效果往往不够理想。为了提高滤波效果，可以仿照模拟滤波器，用数字形式实现低通滤波。

一阶 RC 滤波器的传递函数为

$$G(s) = \frac{1}{1+T_f s}$$

其中滤波时间常数 $T_f = RC$。离散化为

$$T_f \frac{x(k)-x(k-1)}{T} + x(k) = u(k)$$

整理可得

$$x(k) = (1-\alpha)u(k) + \alpha x(k-1)$$

式中：$u(k)$ 为采样值；$x(k)$ 为滤波器的计算输出值；$\alpha = \dfrac{T_f}{T_f+T}$ 为滤波系数，显然 $0<\alpha<1$；T 为采样周期。所以低通滤波公式就是：

本次滤波结果＝$(1-\alpha)×$本次采样结果＋$\alpha×$上次滤波结果

一阶滞后滤波法对周期性干扰具有良好的抑制作用，适用于波动频率较高的场合，缺点是相位滞后，灵敏度低，滞后程度取决于 α 值的大小，不能消除滤波频率高于采样频率的 1/2 的干扰信号。

8. 加权递推平均滤波法

加权递推平均滤波法是对递推平均滤波法的改进，即不同时刻的数据加以不同的权值。通常，越接近现在时刻的数据，权越大。给予新采样值的权系数越大，则灵敏度越高，但信号平滑度越低，其公式为

$$\overline{y}(k) = \sum_{i=0}^{n-1} C_i x_{n-1}$$

式中：$\sum_{i=0}^{n-1} C_i = 1$；$C_0, C_1, \cdots, C_{n-1}$ 为各次采样值的系数，它体现了各次采样值在平均值中

所占的比例。

该种方法适用于有较大纯滞后时间常数的对象和采样周期较短的系统。对于纯滞后时间常数较小，采样周期较长，变化缓慢的信号，不能迅速反映系统当前所受干扰的严重程度，滤波效果差。

9. 消抖滤波法

消抖滤波法具体的做法是设置一个滤波计数器，将每次采样值与当前有效值比较。如果"采样值＝当前有效值"，则计数器清零。如果"采样值≠当前有效值"，则计数器＋1，并判断"计数器是否≥上限 N（溢出）"。如果计数器溢出，则将本次值替换为当前有效值，并将计数器清零。

消抖滤波法对于变换缓慢的被测参数有较好的滤波效果，可避免在临界值附近控制器的反复开/关跳动或显示器上的数值抖动。其缺点是对于快速变化的参数，如果在计数器溢出的那一次的采样值恰好为干扰值，则干扰值将会被误认为有效值导入系统。

10. 限幅消抖滤波法

限幅消抖滤波法相当于"限幅滤波法＋消抖滤波法"，先限幅，后消抖，继承了"限幅"和"消抖"的优点，改进了消抖滤波法中的某些缺点，避免将干扰值导入系统，对于快速变换的参数仍然不适合使用。

6.4.3 输入/输出软件抗干扰措施

对于控制系统，将控制条件的"一次采样、处理控制输出"改为"多次采样、处理控制输出"，可有效消除偶然干扰。

1. 数字量信号输入抗干扰措施

对于数字量的输入，为了确保信息准确无误，在软件上可采取多次读取的方法（至少读取两次），认为无误后再行输入，其流程如图 6-20 所示。

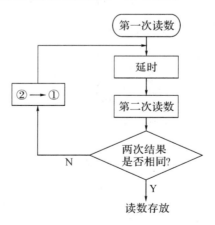

图 6-20　多次读取流程图

2. 数字量信号输出抗干扰措施

当计算机输出数字量控制闸门、料斗等执行机构动作时，这些执行机构可能会由于外界干扰而误动作，例如已关闭的闸门、料斗可能中途打开，已开的闸门、料斗可能中途突然关闭。对于这些误动作，应在输出端采取抗干扰措施(RS 锁存)，这样就可以较好地消除由于干扰而引起的误动作(开/关)。

6.4.4 程序运行失常的软件抗干扰

无论何种控制系统，死机现象都是不允许的。克服死机现象最有效的办法就是采用系统加硬件定时器，俗称看门狗(Watchdog Timer，WDT)电路。然而，即使有硬件定时器电路后仍然有死机现象，分析原因，可能有以下 3 个方面。

(1) 因为某种原因，程序混乱后，定时器电路虽然发出了复位脉冲，但程序刚刚正常还来不及发出一个脉冲信号，此时程序再次被干扰，而这时定时器电路已处于稳态，不能再发出复位脉冲。

(2) 在有严重干扰时，程序进入死循环，在该死循环中恰好又有定时器监视 I/O 口上操作的指令，而该I/O口仍然有脉冲信号输出，定时器检测不到这种异常状况。

(3) 在有严重干扰时，中断方式控制字有时会受到破坏，导致中断关闭。

可见，只用硬件定时器电路是无法确保单片机正常工作的，必须采取一些相应的软件抗干扰措施。

1. 冗余技术

当 CPU 受到二次干扰后，程序会将一些操作数当作指令码来执行，从而引起程序混乱。以MCS－51系统为例，系统所有指令都不超过 3 个字节，而且有很多单字节指令。当程序"跑飞"到某一条单字节指令上时，它便自动纳入正轨。当"跑飞"到某一双字节或三字节指令上时，有可能落到其操作数上，程序就会出错。

因此，人们应多采用单字节指令，并在关键的地方人为地插入一些单字节指令(例如 NOP 指令)，或将有效单字节指令重复书写，这便是指令冗余。

在双字节和二字节指令之后插入两条 NOP 指令，可保护其后的指令不被拆散。或者说，某指令前如果插入两条 NOP 指令，则这条指令就不会被前面冲下来的失控程序拆散，并将被完整执行，从而使程序走上正轨。因为"跑飞"的程序即使落到操作数上，由于两个空操作指令 NOP 的存在，也能避免其后的指令被当作操作数执行，从而使程序纳入正轨。

需要注意的是，加入的冗余指令不能太多，以免明显降低程序正常运行的速率。通常在一些对程序流向起决定作用的指令之前插入两条 NOP 指令，此类指令有 RET、RETI、LCALL、SJMP、JZ、CJNE、JNC 等。

在某些对系统工作状态至关重要的指令(例如 SETB EA 之类)前也可插入两条 NOP指令，以保证指令被正确执行。上述关键指令中，RET 和 RETI 本身即为单字节指令，可以直接用其本身来代替 NOP 指令，但有可能增加潜在危险，反而不如 NOP 指令安全。

2. 软件陷阱

指令冗余使"跑飞"的程序安定下来是有条件的。首先"跑飞"的程序必须落到程序区，其次必须执行到冗余指令。当"跑飞"的程序落到非程序区(例如 E^2 PROM 中未使用的空间、程序中的数据表格区)时前一个条件即不满足，当"跑飞"的程序在没有碰到冗余指令之前，已经自动形成一个死循环，这时第二个条件也不满足。对付前一种情况采取的措施就是设立软件陷阱，对于后一种情况采取的措施是建立程序运行监视系统。

所谓软件陷阱，就是一条引导指令，强行将捕获的程序引向一个指定的地址，使程序从头开始运行或者引向一段专门处理程序出错的程序。为加强其捕捉效果，一般还在它前面加两条 NOP 指令，所以真正的软件陷阱由 3 条指令构成：

NOP

NOP

LJMP ERR

其中，ERR 是错误处理程序的首地址。

软件陷阱一般安排在下列 4 个地方。

（1）未使用的中断向量区。当干扰使未使用的中断开放，并激活这些中断时，就会进一步引起混乱。如果在这些地方设置陷阱，就能及时捕捉到错误中断。

设主程序区为 ADD1～ADD2，使用定时器 T0，设置为 10 ms 的中断。当程序"跑飞"落入 ADD1～ADD2 区间外时，若在此用户程序外发生定时中断，可在中断服务程序中判定中断断点地址 ADDX。若 ADDX<ADD1 或 ADDX>ADD2，则说明"跑飞"发生。

（2）未使用的大片 ROM 空间。现在使用 EPROM 一般很少将其全部用完。对于剩余的大片未编程的 ROM 空间，一般均维持原状（0FFH），而 0FFH 对于指令系统是一条单字节指令（MOV R7，A）。程序"跑飞"到这一区域后将顺流而下，不再跳跃（除非受到新的干扰）。人们只要每隔一段设置一个陷阱，就一定能捕捉到"跑飞"的程序。软件陷阱编译后的地址总是固定的。这样人们就可以用软件陷阱指令来填充 ROM 中的未使用空间，或者每隔一段程序设置一个陷阱，其他单元保持不变。

（3）表格。有两类表格，一类是数据表格，供"MOVC A，@A+PC"指令或"MOVC A，@A+DPTR"指令使用，其内容不完全是指令。另一类是跳转表格，供"JMP @A+DPTR"指令使用，其内容为一系列的三字节指令 LJMP 或两字节指令 AJMP。由于表格内容和检索值有一一对应关系，在表格中间安排陷阱将会破坏其连续性和对应关系，因此只能在表格的最后安排五字节陷阱（NOP NOP LJMP ERR）。

（4）程序区。程序区是由一段一段执行指令构成的，在这些指令段之间常有一些断裂点，正常执行的程序到此便不会继续往下执行了，这类指令有 JMP、RET 等。这时 PC 的值应发生正常跳变，如果要顺次往下执行，必然出错。当然，"跑飞"来的程序刚好落到断裂点的操作数上或落到前面指令的操作数上（又没有在这条指令之前使用冗余指令），则程序就会越过断裂点，按顺序执行。在这种地方安排陷阱之后，就能有效地捕捉住它，而又不影响正常执行的程序流程。为了增强效果，可以在每个子程序后面或每隔一段程序后插入软件陷阱。

设置了指针陷阱后，一旦单片机受干扰从而使程序指针混乱，程序执行一段时间后就会落入陷阱中，要么恢复到初始化程序开始处，要么由错误程序处理，从而避免死机。

由于软件陷阱都安排在正常程序执行不到的地方，故不会影响程序执行效率。

3. 软件定时技术

若失控的程序进入"死循环"，通常采用定时器技术使程序脱离"死循环"。

定时器实际上是一个计数器，系统初始化时给定时器一个较大的初始值，程序开始运行后定时器开始倒计数。如果程序运行正常，CPU 应定期发出指令让定时器复位（俗称"喂狗"），即计数器重置回初始值，重新开始倒计数。如果程序运行失常，"跑飞"或进入局部死循环，不能按正常循环路线运行，则定时器会因得不到及时复位而减到 0，一旦定时时间到了，就会强制系统复位。定时器工作原理如图 6-21 所示。

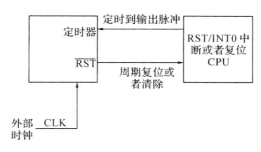

图 6-21　定时器工作原理

在设计定时器时可设计两个定时器，一个为短定时器，一个为长定时器，并且各自独立。短定时器像典型定时器一样工作，它保证一般情况下定时器有快的反应速度；长定时器的定时大于 CPU 执行一个主循环程序的时间，用来防止定时器失效。采用这种结构的软件具有良好的抗干扰性能，大大提高了系统可靠性。

两个定时器的具体做法是：在主程序、T0 中断服务程序、T1 中断服务程序中各设一运行观测变量，假设为 MWatch、T0Watch、T1Watch，主程序每循环一次，MWatch 加 1，同样 T0、T1 中断服务程序执行一次，T0watch、T1Watch 加 1。在 T0 中断服务程序中通过检测 T1Watch 的变化情况判定 T1 运行是否正常，在 T1 中断服务程序中检测 MWatch 的变化情况判定主程序是否正常运行，在主程序中通过检测 T0Watch 的变化情况判别 T0 是否正常工作。若检测到某观测变量变化不正常，例如应当加 1 而未加 1，则转到出错处理程序作排除故障处理。当然，对主程序最大循环周期、定时器 T0 和 T1 定时周期应予以全盘合理考虑。

4. 系统复位特征

仍以 51 单片机系统为例，理想的复位特征应该是：系统可以鉴别是首次加电复位（冷启动）还是异常复位（热启动）。首次加电复位则进行全部初始化，异常复位则不需要进行全部初始化，测控程序不必从头开始执行，而应从故障部位开始。

1）非正常复位的识别

程序的执行总是从 0000H 开始，导致程序从 0000H 开始执行有 4 种可能。

（1）系统开机加电复位。

（2）软件故障复位。

（3）定时器超时未发出指令让其硬件复位。

（4）任务正在执行中断电后来电复位。

4 种情况中除第一种情况外均属非正常复位，需加以识别。

（1）硬件复位与软件复位的识别。

此处硬件复位指开机复位与定时器复位，硬件复位对寄存器有影响，例如复位后 PC＝0000H，SP＝07H，PSW＝00H 等。而软件复位则对 SP、PSW 无影响。故当程序正常运行时，将 SP 地址设置大于 07H，或者将 PSW 的第 5 位（用户标志位）在系统正常运行时设为 1。那么系统复位时只需检测 PSW.5 标志位或 SP 值便可判断此是否为硬件复位。图 6-22 是采用 PSW.5 作加电标志位判别硬、软件复位的程序流程图。

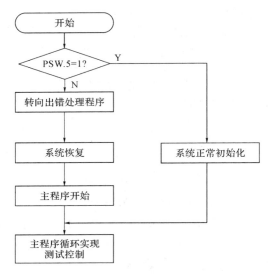

图 6-22　硬、软件复位识别流程图

由于硬件复位时片内 RAM 状态是随机的，而软件复位时片内 RAM 则可保持复位前状态，因此可选取片内某一个或某两个单元作为加电标志。设 40H 用来作加电标志，加电标志字为 78H，若系统复位后 40H 单元内容不等于 78H，则认为是硬件复位，否则认为是软件复位，转向出错处理。若用两个单元作为加电标志，则这种判别方法的可靠性更高。

（2）开机复位与定时器故障复位的识别。

开机复位与定时器故障复位因同属硬件复位，所以要想予以正确识别，一般要借助非易失性 RAM 或者 E^2PRAM。当系统正常运行时，设置一可断电保护的观测单元。当系统正常运行时，定时发出指令让定时器复位的中断服务程序中断使该观测单元保持正常值（设为 0AAH），而在主程序中将该单元清零，因观测单元断电可保护，则开机时通过检测该单元是否为正常值可判断是否为定时器复位。

（3）正常开机复位与非正常开机复位的识别。

识别测控系统中因意外情况（例如系统断电等原因）引起的开机复位与正常开机复位，对于过程控制系统尤为重要。例如某个以时间为控制标准的测控系统，完成一次测控任务需要 1 h。在已执行测控 50 min 的情况下，系统电压异常导致引起复位，此时若系统复位后又从头开始测控，则会造成不必要的时间消耗。因此可通过一检测单元对当前系统的运行状态、系统时间予以监控。将控制过程分解为若干步或若干时间段，每执行完一步或每运行一段时间则对检测单元置为关机允许值，不同的任务或任务的不同阶段有不同的值。若系统正在进行测控任务或正在执行某个时间段，则将检测单元置为非正常关机值，那么系统复位后可根据此单元判断系统原来的运行状态，并跳到出错处理程序中恢复系统原运行状态。

2）非正常复位后系统自恢复运行的程序设计

对顺序要求严格的一些过程控制系统，无论系统非正常复位与否，一般都要求从失控的那一个模块或任务恢复运行。所以系统要做好重要数据的备份，例如系统运行状态、系统的进程值、当前输入/输出的值、当前时钟值、观测单元值等，这些数据要定时备份，若有修改也应立即予以备份。

　　在已判别出系统非正常复位的情况下，首先要恢复一些必要的系统数据，例如显示模块的初始化、片外扩展芯片的初始化等，其次对测控系统的系统状态、运行参数等予以恢复，包括显示界面等的恢复，最后再对复位前的任务、参数、运行时间等进行恢复，再进入系统运行状态。

　　应当加以说明的是，首先真实地恢复系统的运行状态需要极为细致地对系统的重要数据予以备份，并加以数据可靠性检查，以保证恢复的数据的可靠性。其次，对多任务、多进程测控系统，数据的恢复需考虑恢复的次序问题。数据恢复过程如图 6-23 所示。

　　图中恢复系统基本数据是指取出备份的数据覆盖当前的系统数据。系统基本初始化是指对芯片、显示、输入/输出方式等进行初始化，要注意输入/输出的初始化不应造成误动作，复位前任务初始化是指任务的执行状态、运行时间等。

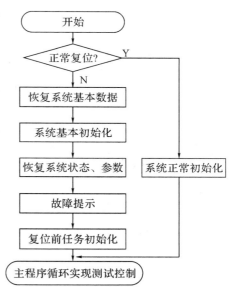

图 6-23　系统自恢复程序流程图

小　　结

　　稳定性和可靠性是对计算机控制系统设计最重要的基本要求。外界的干扰是不可避免的。干扰对控制系统的影响是多方面的，因此抗干扰的措施也是多样的。

　　根据干扰的原理和影响方式，干扰可分为串模干扰和共模干扰。对于这些干扰，可以采用 RC 网络、变压器隔离、光电隔离等措施。

　　在提高硬件系统抗干扰能力的同时，软件抗干扰以其设计灵活、节省硬件资源、可靠性好越来越受到重视。软件抗干扰研究的内容主要是消除模拟输入信号的噪声（例如数字滤波技术），是程序运行混乱时使程序重入正轨的方法。

习　　题

1. 常见的干扰来源有哪些？
2. 简述串模干扰与共模干扰。
3. 采用双绞线方式抗干扰的原理是什么？
4. 简述光电耦合抗干扰。
5. 为什么要在冗余区域设置软件陷阱？"看门狗"的原理是什么？

第 7 章　计算机网络控制技术

计算机技术、通信技术和微电子技术的迅速发展，促进了工业生产规模的扩大以及综合监控与管理要求的提高。单机自动化已不能满足现代生产需求，而计算机网络的发展推进了自动化领域的开放系统互连通信网络的应用，从而形成了控制的多元化和系统结构的分散化。集散控制系统和现场总线控制系统是当今自动化领域重要的新型计算机控制系统，它们构成了工业过程控制的典型实现模式。

通过本章学习，要求掌握计算机网络技术的基本原理，同时对集散控制系统，现场总线控制系统以及以太网控制系统有初步了解。

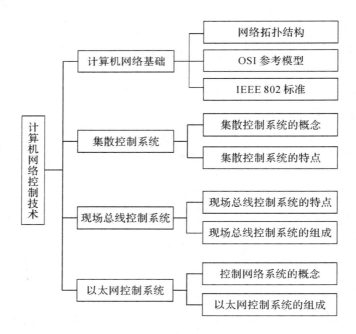

7.1　计算机网络基础

工业计算机网络是在通用计算机网络的基础上发展起来的，用于实现与工业自动化相关的各种生产任务的计算机网络系统，其目的是实现资源共享、分散处理和工业控制与管理的一体化。工业网络在体系结构上可分为信息网和控制网两个层次。信息网位于上层，是企业决策级数据共享和协同操作的载体。控制网位于下层，与信息网紧密地集成在一起，服从信息网的操作，同时，又具有独立性和完整性。因此，工业计算机网络可理解为是利用传输媒体把分布在不同地点的多个独立的计算机系统、自动控制装置、现场设备等按照不同的拓扑结构和应用各种数据通信方式连接起来的一种网络。计算机数据通信技术则是计算机网络的支撑技术之一。

7.1.1　网络拓扑结构

网络拓扑结构是从网络拓扑的观点来讨论和设计网络的特性，也就是讨论网络中的通信节点和通信信道连接构成的各种几何构形，用以反映网络各组成部分之间的结构关系，从而反映整个网络的结构外貌。网络中互连的点被称为节点或站，节点间的物理连接结构被称为拓扑，采用拓扑学来研究节点和节点间连线（称链路）的几何排列。局域网络常见的拓扑结构有星型、环型、总线型和树型，如图 7-1 所示。

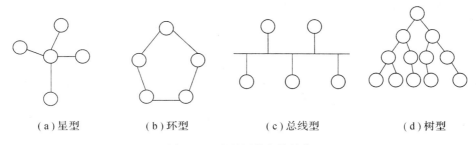

(a)星型　　(b)环型　　(c)总线型　　(d)树型

图 7-1　常见网络拓扑结构

1. 星型结构

如图 7-1(a)所示，星型拓扑结构是一种以中央节点为中心，把若干个外围节点连接起来的辐射式互连结构。星型的中心是通信交换节点，它接收各分散节点的信息再转发给相应节点，具有中继交换和数据处理功能。外围节点则是各个远程站，每个节点都是通过点对点线路与中央节点相连接，呈星型状态，因而得名。

它的具体工作过程为：当某一节点想要传输数据时，它首先向中心节点发送一个请求，以便同另一个目的节点建立连接。一旦两个节点建立了连接，就像是有一条专用线路将这两点连接起来，从而进行数据传输。该结构的主要特点如下：

(1) 网络结构简单，便于控制和管理，建网容易。

(2) 网络延迟时间短，传输错误率较低。

(3) 网络可靠性较低，一旦中央节点出现故障将导致全网瘫痪。

(4) 网络资源大部分在外围节点上，相互之间必须经过中央节点才能转发信息。

(5) 通信电路都是专用线路，利用率不高，故网络成本较高。

2. 环型结构

如图 7-1(b)所示，环型网中各节点通过环接口连于一条首尾相连的闭合环形通信线路中，数据按事先规定好的方向从一个节点单向传送到另一节点。在这种结构中，线路上的信息按点对点的方式传输，即由一个节点发出的信息只传到下一个节点，若该节点不是信息的接收站，就再把信息传到下一个节点，重复进行，直到信息到达目的节点为止。

环型结构具有以下特点：

（1）信息流在网络中沿固定的方向流动，故两个节点之间仅有唯一的通路，简化了路径选择控制。

（2）环路中每个节点的收发信息均由环接口控制，控制软件较简单。

（3）当环路中某节点出现故障时，可采用旁路环的方法提高可靠性。

（4）环型结构其节点数的增加将影响信息的传输效率，故扩展受到一定的限制。

环型网络结构较适合在信息处理和自动化系统中使用，是微机局部网络中常用的结构之一。特别是 IBM 公司推出令牌环网之后，环型网结构被越来越多的人所采用。

3．总线型结构

如图 7-1(c) 所示，在总线型结构中，各节点经其接口，通过一条或几条通信线路与公共总线连接。其任何节点的信息都可以沿着总线传输，并且能被任一节点接收。由于信息传输方向是从发送节点向两端扩散，因此又被称为广播式网络。

总线型网络的接口内具有发送器和接收器。接收器接收总线上的串行信息，并将其转换为并行信息送到节点；发送器则将并行信息转换成串行信息广播发送到总线上。当在总线上发送的信息目的地址与某一节点的接口地址相符时，发送的信息就被该节点接收。由于一条公共总线具有一定的负载能力，因此总线长度有限，其所能连接的节点数也有限。总线型结构有以下特点：

（1）结构简单灵活，扩展方便。

（2）可靠性高，网络响应速度快。

（3）共享资源能力强，便于广播式工作。

（4）设备少，价格低，安装和使用方便。

（5）由于所有节点共用一条总线，因此总线上传送的信息容易发生冲突和碰撞，故不宜用在实时性要求高的场合。

总线型结构是目前使用最广泛的结构，也是一种最传统的主流网络结构，这种结构最适合在信息管理系统、办公室自动化系统、教学系统等领域使用。

4．树型结构

如图 7-1(d) 所示，树型结构是一种分层结构，适用于分级管理和控制系统。树型结构的特点如下：

（1）通信线路总长度较星型结构短，联网成本低，易于扩展，但结构较星型结构复杂。

（2）网络中除叶节点外，任一节点或连线的故障均影响其所在支路网络的正常工作。

实际组建网时，其网络结构不一定仅限于以上四种结构中的某一种，通常是多种结构的综合。

7.1.2　OSI 参考模型

OSI 参考模型共分为七层功能及协议，从下至上依次为物理层、数据链路层、网络层、传输层、会话层、表示层、应用层，如图 7-2 所示。

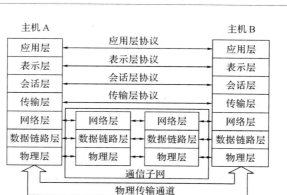

图 7 - 2　OSI 参考模型

1. 物理层

物理层并不是物理媒体本身,它只是开放系统中利用物理媒体实现物理连接的功能描述和执行连接的规程。物理层的主要任务是为通信各方提供物理信道(例如电缆类型、信号、电平、传输速率等),它提供物理连接的机械、电气、功能和规程 4 个特性。在这一层,数据的单位称为比特(bit)。

属于物理层定义的典型规范包括 EIA/TIA RS - 232、EIA/TIA RS - 449、V. 35、RJ - 45 等。

2. 数据链路层

数据链路层的任务是将数据组成数据帧(Framing),在两个相邻节点间的链路上传送以帧为单位的数据。每一帧包括数据和必要的控制信息(例如同步信息、地址信息、差错控制等)。另外,在接收端还要检验传输的正确性。该层实现了将有差错的物理链路改造成对于网络层来说是无差错的传输链路的功能。

同步数据链路控制(SDLC)、高级数据链路控制(HDLC)以及异步串行数据链协议都属于此范围。

3. 网络层

网络层是 OSI 七层协议模型中的第三层,它是主机与通信网络的接口。网络层又称分组层,它的任务是使网络中传输分组。它以数据链路层提供的无差错传输为基础,向高层(传输层)提供两个主机之间的数据传输服务。网络层规定了分组(第三层的信息单位)在网络中是如何传输的。网络层的另一个任务就是要选择合适的路由,使源主机传输层所传下来的分组能够交付到目的主机。因此,本层要为数据从源点到终点建立物理和逻辑的连接。

网络层的功能主要包括控制信息交换、路由选择与中继、网络流量控制、网络的连接与管理等。网络层协议的代表有 IP、IPX、RIP、OSPF 等。

4. 传输层

传输层是真正的源—目的或端—端层,即在源计算机上的程序与目的机上的类似程序之间进行对话。该层的主要功能是从会话层接收数据,把它们传到网络层并保证这些数据全部正确地到达另一端。

传输层协议的代表有 TCP、UDP 等。

5. 会话层

用户(即两个表示层进程)之间的连接叫会话。为了建立会话，用户必须提供希望连接的远程地址(会话地址)，会话双方首先需要彼此确认，以证明它有权从事会话和接收数据，然后两端必须同意在该会话中的各种选择项(例如半双工或全双工)的确定，在这以后才能开始数据传输。

会话层的任务是检查并决定一个正常的通信是否正在发生。如果没有发生，则这一层在不丢失数据的情况下恢复会话，或根据规定，在会话不能正常发生的情况下终止会话。

会话层协议的代表有 NetBIOS、ZIP 等。

6. 表示层

表示层主要用于处理在两个通信系统中交换信息的表示方式，例如代码转换、文件格式的转换、文本压缩、文本加密与解密等。

表示层提供两类服务：相互通信的应用进程间交换信息的表示方法与表示连接服务。表示层的主要功能是通过一些编码规则定义在通信中传送这些信息所需的传送语法，实现不同信息格式和编码之间的转换。

表示层协议的代表有 ASCII、ASN.1、JPEG、MPEG 等。

7. 应用层

应用层是 OSI 参考模型的最高层，实现的功能分两大部分，即用户应用进程和系统应用管理进程。系统应用管理进程管理系统资源，例如优化分配系统资源、控制资源的使用等。由管理进程向系统各层发出下列要求：请求诊断、提交运行报告、收集统计资料、修改控制等。这一层解决了数据传输完整性的问题或与发送/接收设备的速度不匹配的问题。

应用层协议的代表有 Telnet、FTP、HTTP 等。

OSI 参考模型定义的是一种抽象结构，它给出的仅是功能上和概念上的框架标准，而不是具体的实现。在七层中，每层完成各自所定义的功能，对某层功能的修改不影响其他层。同一系统内部相邻层的接口定义了服务原语以及向上层提供的服务。不同系统的同层实体间是用该层协议进行通信，只有最底层才发生直接数据传送。

7.1.2 IEEE 802 标准

美国电气与电子工程师协会(IEEE)于 1980 年 2 月成立的 IEEE 802 课题组(IEEE Standards Project 802)于 1981 年年底提出了 IEEE 802 局域网标准，如图 7-3 所示。该标准参照 OSI 参考模型的物理层和数据链路层，保持 OSI 高五层和第一层协议不变，将数据链路层分成两个子层，分别是逻辑链路控制(LLC)子层和介质访问控制(MAC)子层。

MAC 子层主要提供传输介质和访问控制方式，支持介质存取，并为逻辑链路控制层提供服务。它支持的介质存取法包括载波检测多路存取/冲突监测、令牌总线和令牌环。

LLC 子层屏蔽各种 MAC 子层的具体实现细节，具有统一的 LLC 界面，主要提供寻址、排序、差错控制等功能。它支持数据链路功能、数据流控制、命令解释及产生响应等，并规定局部网络逻辑链路控制(LNLLC)协议。

物理信号(PS)层完成数据的封装/拆装、数据的发送/接收管理等功能，并通过介质存取部件收发数据信号。

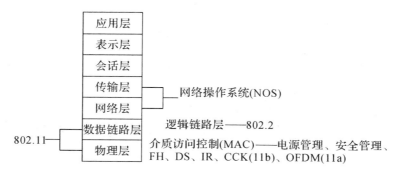

图 7-3　IEEE 802 标准

IEEE 802 委员会在 1983 年 3 月通过了 3 种建议标准,定义了 3 种主要的局域网络技术,分别为 802.3、802.4 和 802.5 建议规范。在这些建议标准中规定如下:

(1) 收发控制方式有两种:CSMA/CD 方式和通信证明——令牌(Token)传递方式。

(2) 网络结构有两种:总线型和环型。

(3) 物理信道有两种:单信道和多信道。单信道采用基带传输,信息经编码调制后直接传输,多信道采用宽带传输。

IEEE 802 是为局部网络制定的标准,包括以下内容:

IEEE 802.1:系统结构和网络互连。

IEEE 802.2:逻辑链路控制。

IEEE 802.3:CSMA/CD 总线访问方法和物理层技术规范。

IEEE 802.4:Token Passing Bus 访问方法和物理层技术规范。

IEEE 802.5:Token Passing Ring 访问方法和物理层技术规范。

IEEE 802.6:城市网络访问方法和物理层技术规范。

IEEE 802.7:宽带网络标准。

IEEE 802.8:光纤网络标准。

IEEE 802.9:集成声音数据网络。

IEEE 802.10:LAN/MAN 安全数据交换。

IEEE 802.11:无线 LAN 标准。

IEEE 802.12:高速 LAN 标准。

7.2　集散控制系统

7.2.1　集散控制系统的概念

DCS(Distributed Control System)意为分布式控制系统,在国内自动控制行业又被称为集散控制系统。

集散控制系统是相对于集中式控制系统而言的一种新型计算机控制系统,是在集中式控制系统的基础上发展、演变而来的。它是一个由过程控制级和过程监控级组成的以通信网络为纽带的多级计算机系统。它综合了计算、通信、显示和控制等 4C 技术,其基本思想是分散控制、集中操作、分级管理、配置灵活以及组态方便。在系统功能方面，DCS 和集中式控制系统的区别不大，但在系统功能的实现方法上却完全不同。

首先，DCS 的骨架是系统网络，它是 DCS 的基础和核心。由于网络对于整个 DCS 的实时性、可靠性和扩充性起着决定性的作用，因此各厂家都在这方面进行了精心的设计。对于 DCS 的系统网络来说，它必须满足实时性的要求，即在确定的时间限度内完成信息的传送。这里所说的"确定"的时间限度，是指在无论何种情况下，信息传送都能在这个时间限度内完成，而这个时间限度则是根据被控制过程的实时性要求确定的。因此，衡量系统网络性能的指标并不是网络的速率，即通常所说的每秒比特数（b/s），而是系统网络的实时性，即能在多长的时间内确保所需信息的传输完成。系统网络还必须非常可靠，无论在任何情况下，网络通信都不能中断，因此多数厂家的 DCS 均采用双总线、环型或双重星型的网络拓扑结构。为了满足系统扩充性的要求，系统网络上可接入的最大节点数量应比实际使用的节点数量大若干倍。这样一方面可以随时增加新的节点，另一方面也可以使系统网络运行于较轻的通信负荷状态，以确保系统的实时性和可靠性。在系统实际运行过程中，各个节点的上网和下网是随时可能发生的，特别是操作员站。这样，网络重构会经常进行，而这种操作绝对不能影响系统的正常运行。因此，系统网络应该具有很强在线网络重构功能。

其次，这是一种完全对现场 I/O 处理并实现直接数字控制（DDC）功能的网络节点。一般一套 DCS 中要设置现场 I/O 控制站，用以分担整个系统的 I/O 和控制功能。这样既可以避免由于一个站点失效而造成整个系统的失效，提高了系统可靠性，也可以使各站点分担数据采集和控制功能，有利于提高整个系统的性能。DCS 的操作员站是处理一切与运行操作有关的人机界面（Human Machine Interface 或 Operator Interface）功能的网络节点。

工程师站是对 DCS 进行离线的配置、组态工作和在线的系统监督、控制、维护的网络节点，其主要功能是提供对 DCS 进行组态，配置工作的工具软件（即组态软件），并在 DCS 在线运行时实时地监视 DCS 上各个节点的运行情况，使系统工程师可以通过工程师站及时调整系统配置及一些系统参数的设定，使 DCS 随时处在最佳的工作状态之下。与集中式控制系统不同，所有的 DCS 都要求有系统组态功能，可以说，没有系统组态功能的系统就不能称其为 DCS。

DCS 自 1975 年问世以来，已经经历了二十多年的发展历程。在这二十多年中，DCS 虽然在系统的体系结构上没有发生重大改变，但是经过不断地发展和完善，其功能和性能都得到了巨大的提高。总的来说，DCS 正在向着更加开放、更加标准化、更加产品化的方向发展。

作为生产过程自动化领域的计算机控制系统，传统的 DCS 仅仅是一个狭义的概念。如果以为 DCS 只是生产过程的自动化系统，那就会引出错误的结论，因为现在的计算机控制系统的含义已被大大扩展了，它不仅包括过去 DCS 中所包含的各种内容，还向下深入到了现场的每台测量设备、执行机构，向上发展到了生产管理、企业经营的方方面面。传统意义上的 DCS 现在仅仅是指生产过程控制这一部分的自动化，而工业自动化系统的概念，则应定位到企业全面解决方案，即 Total Solution 的层次。只有从这个角度上提出问题并解决问题，才能使计算机自动化真正起到其应有的作用。

7.2.2　集散控制系统的特点

1. 高可靠性

由于 DCS 将系统控制功能分散在各台计算机上实现，系统结构采用容错设计，因此某一台计算机出现故障不会导致系统其他功能的丧失。此外，由于系统中各台计算机所承担的任务比较单一，可以针对需要实现的功能采用具有特定结构和软件的专用计算机，从而使系统中每台计算机的可靠性也得到提高。

2. 开放性

DCS 采用开放式、标准化、模块化和系列化设计，系统中各台计算机采用局域网方式通信，实现信息传输，当需要改变或扩充系统功能时，可将新增计算机方便地连入系统通信网络或从网络中卸下，几乎不影响系统其他计算机的工作。

3. 灵活性

通过组态软件根据不同的流程应用对象进行软硬件组态，即确定测量与控制信号及相互间连接关系，从控制算法库选择适用的控制规律以及从图形库调用基本图形组成所需的各种监控和报警画面，从而方便地构成所需的控制系统。

4. 易于维护

功能单一的小型或微型专用计算机具有维护简单、方便的特点。当某一局部或某个计算机出现故障时，可以在不影响整个系统运行的情况下在线更换部件，迅速排除故障。

5. 协调性

各工作站之间通过通信网络传送各种数据，整个系统信息共享，协调工作，以完成控制系统的总体功能和优化处理。

6. 控制功能齐全

DSC 控制算法丰富，集连续控制、顺序控制和批处理控制于一体，可实现串级、前馈、解耦、自适应和预测控制等先进控制，并可方便地加入所需的特殊控制算法。

DCS 的构成方式十分灵活，可由专用的管理计算机站、操作员站、工程师站、记录站、现场控制站和数据采集站等组成，也可由通用的服务器、工业控制计算机和可编程控制器构成。处于底层的过程控制级一般由分散的现场控制站、数据采集站等就地实现数据采集和控制，并通过数据通信网络传送到生产监控级计算机。生产监控级对来自过程控制级的数据进行集中操作管理，例如各种优化计算、统计报表、故障诊断、显示报警等。随着计算机技术的发展，DCS 可以按照需要与更高性能的计算机设备通过网络连接来实现更高级的集中管理功能，例如计划调度、仓储管理、能源管理等。

7.3　现场总线控制系统

现场总线控制系统(Fieldbus Control System，FCS)是继基地式气动仪表控制系统、电动单元组合式模拟仪表控制系统、集中式数字控制系统、集散控制系统(DCS)后的新一代控制系统。由于它适应了工业控制系统向数字化、分散化、网络化、智能化发展的方向，给自动化系统的最终用户带来更大实惠和更多方便，并促使目前生产的自动化仪表、集散控制系统、可编程控制器(PLC)产品面临体系结构、功能等方面的重大变革，导致工业自动化产品的又一次更新换代，因而现场总线技术被誉为跨世纪的自动控制新技术。

现场总线是应用在生产现场、在微机化测量控制设备之间实现双向串行多节点数字通信的系统，也被称为开放式、数字化、多点通信的底层控制网络。它在制造业、流程工业、交通、楼宇等方面的自动化系统中具有广泛的应用前景。

现场总线是 20 世纪 80 年代中期在国际上发展起来的。随着微处理器与计算机功能的不断增强和价格的急剧降低，计算机与计算机网络系统得到迅速发展，而处于生产过程底层的测控自动化系统由于采用一对一连线，用电压、电流的模拟信号进行测量控制，或采用自封闭式的集散系统，因此难以实现设备之间以及系统与外界之间的信息交换，使自动化系统成为"自动化孤岛"。要实现整个企业的信息集成，要实施综合自动化，就必须设计出一种能在工业现场环境运行的、性能可靠、造价低廉的通信系统，形成工厂底层网络，完成现场自动化设备之间的多点数字通信，实现底层现场设备之间以及生产现场与外界的信息交换。

现场总线适应了工业控制系统向分散化、网络化、智能化发展的方向，一经产生便成为全球工业自动化技术的热点，受到全世界的普遍关注。现场总线的出现，导致目前生产的自动化仪表、集散控制系统、可编程控制器在产品的体系结构、功能结构方面发生了较大变革，自动化设备的制造厂家被迫面临又一次产品更新换代的挑战。传统的模拟仪表将逐步让位于智能化数字仪表，并具备数字通信功能。于是，全球出现了一批集检测、运算、控制功能于一体的变送控制器；出现了集温度、压力、流量检测于一身的多变量变送器；出现了带控制模块和具有故障信息的执行器，并由此大大改变了现有的设备维护管理方法。

7.3.1 现场总线控制系统的特点

1. 系统的开放性

开放是指对相关标准的一致性、公开性，强调对标准的共识与遵从。一个开放系统，是指它可以与世界上任何地方遵守相同标准的其他设备或系统连接。通信协议一致公开，各不同厂家的设备之间可实现信息交换。现场总线开发者就是要致力于建立统一的工厂底层网络的开放系统。用户可按自己的需要和考虑把来自不同供应商的产品组成大小随意的系统，通过现场总线构筑自动化领域的开放互联系统。

2. 互可操作性与互用性

互可操作性是指实现互联设备间、系统间的信息传送与沟通。互用则意味着不同生产厂家的性能类似的设备可实现相互替换。

3. 现场设备的智能化与功能自治性

现场总线将传感测量、补偿计算、工程量处理与控制等功能分散到现场设备中，仅靠现场设备即可完成自动控制的基本功能，并可随时诊断设备的运行状态。

4. 系统结构的高度分散性

现场总线已构成一种新的全分散性控制系统的体系结构。从根本上改变了现有 DCS 集中与分散相结合的集散控制系统体系，简化了系统结构，提高了可靠性。

5. 对现场环境的适应性

工作在生产现场前端，作为工厂网络底层的现场总线，是专为现场环境而设计的，可支持双绞线、同轴电缆、光缆、射频、红外线、电力线等，具有较强的抗干扰能力，能采用两线制实现供电与通信，并可满足本质安全防爆要求等。

6. 节省硬件数量与投资

由于现场总线系统中分散在现场的智能设备能直接执行多种传感、控制、报警和计算功能，因而可减少变送器的数量，不再需要单独的调节器、计算单元等，也不再需要 DCS 的信号调理、转换、隔离等功能单元及其复杂的接线，还可以用工控 PC 作为操作站，从而节省了一大笔硬件投资，并可减少控制室的占地面积。

7. 节省安装费用

现场总线系统的接线十分简单，一对双绞线或一条电缆上通常可挂接多个设备，因而电缆、端子、槽盒、桥架的用量大大减少，连线设计与接头校对的工作量也大大减少。当需要增加现场控制设备时，无需增设新的电缆，可就近连接在原有的电缆上，既节省了投资，也减少了设计、安装的工作量。据有关典型试验工程的测算资料表明，现场总线系统可节约安装费用60％以上。

8. 节省维护开销

由于现场控制设备具有自诊断与简单故障处理的能力，并通过数字通讯将相关的诊断维护信息送往控制室，因此用户可以查询所有设备的运行，诊断维护信息，以便早期分析故障原因，缩短维护停工时间。同时由于系统结构简化、连线简单而减少了维护的工作量。

9. 用户具有高度的系统集成主动权

用户可以自由选择不同厂商提供的设备来集成系统。这就避免了因选择某一品牌的产品而被"框死"了选择使用设备的范围，不会为系统集成中不兼容的协议、接口而一筹莫展，使系统集成过程中的主动权牢牢掌握在用户手中。

10. 提高了系统的准确性与可靠性

现场总线设备的智能化、数字化程度较高，与模拟信号相比，它从根本上提高了测量与控制的精确度，减少了传送误差。同时，由于系统的结构简化，使得设备与连线减少，现场仪表内部功能加强，从而减少了信号的往返传输，提高了系统的工作可靠性。

7.3.2　现场总线控制系统的组成

1. 现场总线仪表

Smar 公司共有五种现场总线仪表，其中三种为输入仪表：双通道温度变送器 TT3022、差压变送器 LD302 和三通道输入电流变换器 IF302；两种为输出仪表：三通道输出电流变换器 FI302、输出气压信号变换器 FP302。

TT3022 将两路温度信号引入现场总线，在现场完成两路温度信号到现场总线的转换。它具有冷端温度补偿、TC 及 RTD 线性化，对特殊传感器有常规线性化模拟输入。图 7-4 是 TT3022 内部原理框图。

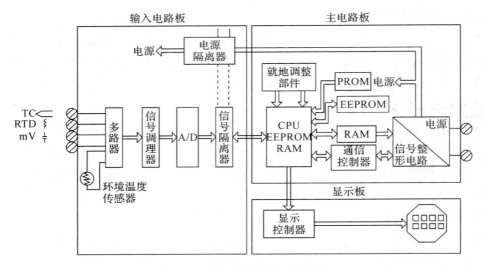

图 7-4 TT3022 内部原理框图

其输入信号有四种类型，七种连接方式：

（1）热电阻（RTD）：二线制、三线制、四线制、温差。

（2）热电偶（TC）：单偶、双偶、温差。

（3）Ω 信号：0～100 Ω、0～400 Ω、0～2000 Ω。

（4）mV 信号：−6～−2 mV、−2～22 mV、−10～100 mV、−50～500 mV。

TT3022 的硬件组成有输入板、主板、显示板和液晶显示器。

2. 现场总线组态软件 SYSCON

Smar 公司的现场总线组态软件 SYSCON 是一款强有力的对用户非常友好的软件工具，安装在控制站的工控机中，支持 Windows 系统，通过一台 PC 可以对基于 FieldBus 的系统及现场总线仪表进行组态、维护和操作。既可以在线组态，也可以离线组态。

组态步骤是：首先进行系统组态、分配地址和指定位号，然后进行现场总线仪表中的功能块组态、连接和参数设置，最后通过安装在工控机中的 PCI 卡，按照预先设定的地址，下装到挂接在每个通道上的现场总线仪表中。下装完成的同时，现场总线仪表便可在 Master 的调度下实现网络通信并进行控制。

3. 监控软件

监控软件是必备的直接用于生产操作和监视的控制软件包，其功能十分丰富，目前流行的有 FIX、INTOUCH、AIMAX、VISCON 等。该系统选用 AIMAX，要完成的主要任务如下：

（1）实时数据采集。将现场的实时数据送入计算机，并将其置入实时数据库的相应位置。

（2）常规控制计算与数据处理。例如标准 PID、积分分离、超前滞后、比例、一阶、二阶惯性滤波、高选、低选、输出限位等。

（3）优化控制。在数学模型的支持下，完成监控层的各种先进控制功能，例如专家系统、预测控制、人工神经网络控制、模糊控制等。

（4）逻辑控制。完成如开、停机等顺序起停过程。

（5）报警监视。监视生产过程的参数变化，并对信号越限进行相应的处理，例如声光报警等。

（6）运行参数的画面显示。带有实时数据的流程图、棒图显示、历史趋势显示等。

（7）报表输出。完成生产报表的打印输出。

（8）操作与参数修改。实现操作人员对生产过程的人工干预，修改给定值、控制参数和报警限等。

4. 设备管理

自动化仪表的设备管理是现场总线仪表发展引出的新概念。由于模拟仪表只能提供过程参数的测量信号，不能提供任何别的信息，因而设备管理无从谈起。随着工厂越来越严格的质量标准及法规要求，人们对现场测量和控制设备的要求随之提高，不仅要求现场设备能提供过程参数的测量信息，还要求现场设备能提供包括设备自身及过程的某些诊断信息、管理信息等。而由于现场总线仪表内部各种专用集成电路技术以及现场总线其他软硬件技术的发展，目前已有条件赋予现场设备更多、更强的智能化功能。在现场总线设备通过现场总线传送的数字信号中，除了过程变量的测量值以外，还含有设备运行的状态信息以及设备制造商提供的设备制造信息等。现场总线设备管理系统的目的就是充分发挥智能设备的各种功能与信息的作用，让它们为提高过程控制和管理水平服务。这里的设备管理包括对现场总线系统中的现场智能仪表的管理、操作和维护。充分运用现场总线仪表所赋予的丰富的管理信息，直观、全面地反映现场设备状态，有助于把传统经验型的、被动的维护管理模式，改变成可预测性的设备管理与维护模式。例如 Fisher - Rosemount 公司推出的设备管理系统（AMS）。

7.4　以太网控制系统

7.4.1　控制网络系统的概念

基于网络的控制系统是一种新兴的控制系统结构，是控制系统发展的一次革命性的变革。现场总线控制系统是一种成熟的基于网络的控制系统，和传统的控制系统结构相比具有控制精度高、风险分散、配置灵活、节约布线等优点，但是由于现场总线控制系统存在标准不统一、通信速率较慢和企业内部信息网络集成成本较高等缺陷，因而阻碍了其在工业控制中的应用和发展。工业以太网是一种新型的网络控制系统，和现场总线控制系统相比，具有突出的优点，但是工业以太网在工业应用中依然存在许多需要改进的地方。

以太网（Ethernet）最初是由美国 Xerox 公司于 1975 年推出的一种局域网，它以无源电缆作为总线来传送数据，并以曾经在历史上表示传播电磁波的以太网（Ether）来命名。1980年 9 月，DEC、Intel 和 Xerox 三家公司合作公布了 Ethernet 物理层和数据链路层的规范，被称为 DIX 规范。IEEE 8023 是由美国电气与电子工程师协会（IEEE）在 DIX 规范基础上进行修改而制定的标准，并由国际标准化组织（ISO）接受而成为 ISO 802.3 标准。严格来讲，以太网与 IEEE 802.3 标准并不完全相同，但人们通常就认为 IEEE 802.3 标准就是以太网标准。目前，IEEE 802.3 是国际上最流行的局域网标准之一。

众所周知，以太网最初是为办公自动化设计的，因此，没有考虑到工业自动化应用的特殊要求。特别是它采取的 CSMA/CD 介质访问控制机制，具有通信延时不确定的缺点，不能满足工业自动化控制中的通信实时性要求。因此，在 20 世纪 90 年代中期以前，很少有人将以太网应用于工业自动化领域。

近年来，随着互联网技术的普及与推广，以太网也得到了飞速发展，特别是以太网通信速率的提高、以太网交换技术的发展，给解决以太网的非确定性问题带来了新的契机。首先，以太网的通信速率一再提高，从 10 Mb/s 到 100 Mb/s、1000 Mb/s 甚至 10 Gb/s。在相同通信量的条件下，通信速率的提高意味着网络负荷的减轻和碰撞的减少，也就意味着确定性的提高。其次，以太网交换机为连接在其端口上的每个网络节点提供了独立的带宽，连接在同一个交换机上面的不同设备不存在资源争夺，这就相当于每个设备独占一个网段。再次，全双工通信技术又为每一个设备与交换机端口之间提供了发送与接收的专用通道，因此使不同以太网设备之间的冲突大大降低（半双工交换式以太网）或完全避免（全双工交换式以太网）。因此，以太网成为"确定性"网络，从而为它应用于工业自动化控制消除了主要障碍。

1. 以太网通信模型

工业以太网协议有多种，例如 HSE、ProfiNet、Ethernet/IP、Modbus/TCP 等，它们在本质上仍基于以太网技术（即 IEEE 802.3 标准）。对应于 ISO/OSI 参考模型，工业以太网协议在物理层和数据链路层均采用了 IEEE 802.3 标准，在网络层和传输层则采用被称为以太网"事实上"标准的 TCP/IP 协议簇（包括 UDP、ICMP、IGMP 等协议），它们构成了工业以太网的低四层。在高层协议上，工业以太网协议通常都省略了会话层、表示层，而定义了应用层，需要在应用层添加与自动控制相关的应用协议。有的工业以太网协议还定义了用户层（如 HSE）。由于历史原因，应用层必须考虑与现有的其他控制网络的连接和映射关系、网络管理、应用参数等问题，要解决自动控制产品之间的互操作性问题。

2. 以太网控制的特点

与其他现场总线或工业通信网络相比，以太网具有以下优点：

（1）应用广泛。以太网是目前应用最为广泛的计算机网络技术，得到广泛的技术支持。几乎所有的编程语言都支持 Ethernet 的应用开发，例如 Java、Visual C++、VB 等，这些编程语言由于广泛使用并受到软件开发商的高度重视，而具有很好的发展前景。因此，如果采用以太网作为现场总线，可以保证多种开发工具、开发环境供选择。

（2）成本低廉。由于以太网的应用最为广泛，因此受到硬件开发与生产厂商的高度重视与广泛支持，有多种硬件产品供用户选择。由于以太网应用广泛，因此其硬件价格相对低廉。目前，以太网网卡的价格只有 Profibus、FF 等现场总线的 1/10，而且随着集成电路技术的发展，其价格还会进一步下降。

（3）通信速率高。目前通信速率为 10 Mb/s、100 Mb/s 的快速以太网也开始广泛应用，1000 Mb/s 以太网技术也逐渐成熟，10 Gb/s 以太网也正在研究。其速率比目前的现场总线快得多。以太网可以满足对带宽有更高要求的需要。

（4）软、硬件资源丰富。以太网已应用多年，人们在以太网的设计、应用等方面有很多的经验，对其技术也十分熟悉。大量的软件资源和设计经验可以显著降低系统的开发和培训费用，从而可以显著降低系统的整体成本，并大大加快系统的开发和推广速度。

（5）可持续发展潜力大。以太网的广泛应用，使它的发展一直受到广泛的重视并获得了大量的技术投入。在这信息瞬息万变的时代，企业的生存与发展将在很大程度上依赖于一个快速而有效的通信管理网络，信息技术与通信技术的发展将更加迅速，也更加成熟，由此保证了以太网技术不断地持续向前发展。

（6）易于与 Internet 连接，能实现办公自动化网络与工业控制网络的信息无缝集成。

因此，工业控制网络采用以太网，就可以避免其发展游离于计算机网络技术的发展主流之外，从而使工业控制网络与和信息网络技术互相促进，共同发展，并保证技术上的可持续发展，在技术升级方面无需单独的投入。

工程应用实践表明，通过采用适当的系统设计和流量控制技术，以太网完全能够满足工业自动化领域的通信要求。目前，PLC、DCS 等多数控制设备或系统已开始提供以太网接口，基于工业以太网的数据采集器、无纸记录仪、变送器、传感器、现场仪表及二次仪表等产品也纷纷面世。如今，以太网已成为企业信息管理层、监控层网络的首选，并有逐渐向下延伸直接应用于工业现场设备间通信的趋势。"以太网技术将渗透到现场设备层，贯穿整个工业网络的各个层次，实现从现场仪表到管理层设备的集成"，这已成为工业自动化领域的共识。图 7-5 是工业以太网的通信模型。

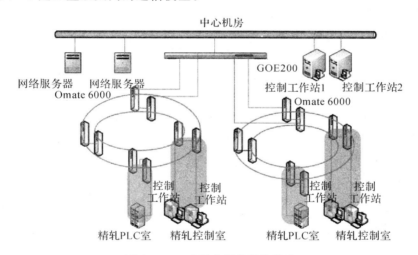

图 7-5　工业以太网的通信模型

7.4.2　以太网控制系统的组成

由于以太网采用带有冲突检测的载波侦听多路访问（CSMA/CD）协议，因此它被认为是一种非确定性的网络系统。对于响应时间要求严格的控制过程会存在产生冲突的可能性，造成响应时间不确定，使信息不能够按要求正常传递。当以太网发展到今天的交换式以太网时，这些问题都已得到解决：

（1）采用交换机，接入网络的节点各自独占一条线路，避免了冲突。

（2）采用高速背板交换或微处理器交换，这就使得响应时间是确定的。据 ARC 公司的分析，126 个节点的 100 M 交换式以太网的响应时间是 2～3 ms，几乎可以满足各种控制系统的要求。

（3）现代以太网采用非屏蔽双绞线，它的抗干扰能力与 4～20 mA 模拟传输线路相当，如果需要更强的抗干扰能力可以采用屏蔽双绞线或光纤通信。

与其他控制网络相比以太网的优势主要体现在以下几个方面：

（1）以太网可以满足控制系统各个层次的要求，使企业信息网络与控制网络得以统一。

（2）设备成本下降。以太网网卡的价格为 500 元，而现场总线卡价格约为 9000～17 000 元。因为安装量的缘故，今后现场总线的成本也远远无法与以太网相比。

（3）用户使用成本下降。几乎每家企业都有具备以太网维护能力的人员，无需再专门学习另一种控制网络。

（4）以太网易于与 Internet 集成。

以太控制网络系统以交换式集线器或网络交换机为中心，采用星型结构，包括数据库服务器、文件服务器、控制网络操作系统等，一般通过 100 Mb/s 端口连到服务器，以满足控制设备、工作站实时访问服务器的带宽要求。监控工作站用于监视控制网络工作状态。

若要求监控工作站具有多媒体功能，可接入 25 Mb/s 端口。控制设备可以是一般的工业控制计算机系统、现场总线控制网络、PLC、嵌入式控制系统等。一般的工业控制计算机系统通过以太网卡接入网络交换机或交换式集线器，现场总线控制网络通过网关与以太控制网络互联。PLC 有带以太网卡和不带以太网卡两种情况，带以太网卡的 PLC 可通过以太网卡接入网络交换机或交换式集线器，不带以太网卡的 PLC 可通过 485/232 转换及工业控制计算机接入网络交换机或交换式集线器。嵌入式控制系统可通过嵌入式控制器自带的以太网卡接入网络交换机或交换式集线器。控制设备可以接入网络交换机，也可通过交换式集线器接入。高速控制设备可通过 25 Mb/s 端口接入，一般控制设备数量较多时可接入 10 Mb/s 交换式集线器端口。当控制网络规模较大时，可采用分段结构连成更大的网络，每一个交换式集线器及控制设备都可以构成相对独立的控制子网。若干个控制子网互联可以组成规模较大的控制网络。

小　结

计算机控制网络是在计算机技术、网络技术、通信技术和微电子技术等的基础上发展起来的，为满足自动化领域的通信互联需要，从而形成了控制的多元性和系统结构的分散化。这种分散化的系统包括集散控制系统、现场总线控制系统和以太网控制系统等。

集散控制系统是一个由过程控制级和过程监控级组成的以通信网络为纽带的多级计算机系统，它综合了计算机、通信、显示和控制等 4C 技术，其基本思想是分散控制、集中操作、分级管理、配置灵活以及组态方便。在系统功能方面，DCS 和集中式控制系统的区别不大，但在系统功能的实现方法上却完全不同。

现场总线控制系统是继基地式气动仪表控制系统、电动单元组合式模拟仪表控制系统、集中式数字控制系统、集散控制系统（DCS）后的新一代控制系统。

以太网控制系统以交换式集线器或网络交换机为中心，采用星型结构，包括数据库服务器、文件服务器、控制网络操作系统等，一般通过 100 Mb/s 端口连到服务器，以满足控制设备、工作站实时访问服务器的带宽要求。监控工作站用于监视控制网络工作状态。

习　题

1. OSI 参考模型共分为哪几层，每一层的功能是什么？
2. TCP/UDP 通信的区别以及联系是什么？
3. 集散控制系统的特点有哪些？
4. 现场总线控制系统的组成有哪些？
5. 以太控制网络系统基本概念是什么？

第8章　计算机控制系统设计

完整的计算机控制系统的设计步骤涉及现场工业要求、控制方案、测量装置、执行机构、硬件结构的设计、系统功能的软件实现、控制系统仿真和程序调试，这些设计过程是系统设计的必要内容，它们都是承前启后环环相扣的。如果要求每个设计人员都熟练掌握这些内容显然是不切实际的，只有各负其责、协同配合才能设计出一个完备的方案。

熟悉计算机控制系统设计、调试的一般步骤及系统调试的主要技术和内容；了解常规控制技术和设计方法，初步掌握方案确定，对硬件设计内容、程序语言的选择有较好的认识；了解计算机控制系统实时仿真的结构与方法。

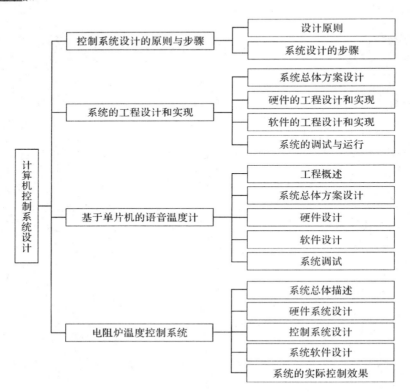

8.1　控制系统设计的原则与步骤

8.1.1　设计原则

1. 安全可靠

计算机控制系统的控制对象各不相同，控制算法和具体技术指标也千变万化。系统中的计算机一般是指与工业过程相连的计算机。由于工业环境相对比较恶劣，因此控制系统容易受到各种干扰和其他因素的影响，导致系统不能按照要求正常运行。一旦出现故障，控制系统将会崩溃或者瘫痪，轻者影响生产，重者造成重大安全事故，人员的安全不能得到良好的保障。因此，把安全可靠放在第一位，可采取的措施有：选择高性能的工控机；设计可靠的控制方案；设置各种安全保护措施（报警、事故预测、事故处理、不间断电源等）；设计后备装置，例如手动操作（一般的控制回路）、常规仪表控制（重要的控制回路）、双机系统（特殊的控制对象）等。

2. 操作维护方便

操作方便主要体现在要求系统便于掌握、操作简单，而且显示画面直观、形象。在考虑先进性的同时，还应兼顾操作工以往的操作习惯，使其易于掌握，并不强求操作工掌握太多计算机知识。

维护方便要从软、硬件两方面考虑，目的是易于查找故障、排除故障。例如，在硬件方面安装相应的工作状态指示灯，用来显示此部分是否正常工作。软件方面设计检测与诊断程序，用于查找故障源。

3. 实时性强

实时性是工业控制系统最主要的特点之一，它表现在对内部和外部事件能及时地响应，并在规定的时限内作出相应的处理。系统处理的事件一般有两类：一类是定时事件，由系统内部设置的时钟保证定时处理；另一类是随机事件，系统设置中断，根据故障的轻重缓急选择合适的中断优先级。

4. 通用性好

通用性好体现在两个方面：硬件模板设计采用标准总线结构，配置各种通用的功能模板，便于扩充；软件模板设计采用标准模块结构，用户使用时无需二次开发，只需按要求选择即可。

5. 经济效益高

提高经济效益一方面是系统的性能价格比要尽可能高，而投入产出比要尽可能低，回收周期尽可能短；另一方面还要从提高产品的质量与产量、降低能耗、减少污染、改善劳动条件等经济、社会效益各方面综合评估。

8.1.2　系统设计的步骤

计算机控制系统设计分 4 个阶段：工程项目和控制任务的确定阶段；工程项目的设计

阶段；离线仿真和调试阶段；在线调试和运行阶段。

1. 工程项目和控制任务的确定阶段

（1）甲方提出任务委托书。甲方一定要提供正式的书面委托书，要有明确的系统技术性能指标要求、经费、计划进度、合作方式等。

（2）乙方研究任务委托书。要认真阅读并逐条研究，对含糊不清、认识上有分歧和需要补充、删节的部分逐条标记，并拟定出要进一步弄清的问题及修改意见。

（3）双方对委托书进行确认性修改。为避免因行业和专业不同所带来的局限性，应请各方面有经验的人员参加讨论。双方的任务和技术界面必须划分清楚。

（4）乙方初步进行系统总体方案设计。因经费和任务没有落实，这时的系统总体方案设计只能是"粗线条"的，但应把握三大技术关键问题：技术难点、经费概算、工期，可多做几个方案以便比较。

（5）乙方进行可行性研究。目的：估计承接该项任务的把握性，并为签订合同后的设计打下基础。研究的主要内容：技术可行性、经费可行性和进度可行性。

（6）签订合同书。合同书包含的内容有：经双方修改和认可的甲方"任务委托书"的全部内容，双方的任务划分和各自应承担的责任、合作方式、付款方式、进度和计划安排、验收方式及条件、成果归属及违约的解决办法。

2. 工程项目的设计阶段

工程项目设计阶段的流程如下：

（1）组建设计队伍，各成员要明确分工和相互的协调合作关系。

（2）设计系统总体方案，形成硬件和软件的方块图，并建立说明文档，包括控制策略和控制算法的确定。

（3）方案论证与评审。方案论证与评审是对系统设计方案的把关和最终裁定，评审后确定的方案是进行具体设计和工程实施的依据，因此应邀请有关专家、主管领导及甲方代表参加。评审后应重新修改总体方案，评审过的方案设计应作为正式文件存档，原则上不应再做大的改动。

（4）硬件和软件的细化设计。细化设计就是将方块图中的方块画到最底层，然后进行底层块内的结构细化设计。硬件方面就是选购模板及制作专用模板。软件方面就是完成编程。

（5）硬件和软件的分别调试。

（6）系统组装。组装是离线仿真和调试阶段的前提和必要条件。

3. 离线仿真和调试阶段

离线仿真和调试是指在实验室而不是在工业现场进行的仿真和调试。在离线仿真和调试试验后，还要进行老化测试，其目的是要在连续不断的运行中暴露问题和解决问题。

4. 在线调试和运行阶段

在线调试和运行就是将系统和生产过程连接在一起，进行现场调试和运行。系统运行正常后，再试运行一段时间，即可组织验收。验收是系统项目最终完成的标志，应由甲方主持乙方参加，双方协同办理。验收完毕应形成文件存档。

8.2　系统的工程设计和实现

8.2.1　系统总体方案设计

总体方案是整个控制系统设计的关键，设计者必须深入生产现场，熟悉生产工艺流程，了解系统的控制要求，明确系统要完成的任务和要达到的最终目标。在进行系统设计时，应充分考虑硬件和软件功能的合理分配。在快速性方面：多采用可以提高系统反应速度的硬件，简化软件设计工作。在可靠性和抗干扰能力方面：过多地采用硬件会增加系统元器件数目并降低系统的可靠性，同时，硬件的增加也使系统的抗干扰性能下降。在成本方面：多采用软件可以降低成本。

对于实际的控制系统，要综合考虑系统速度、可靠性、抗干扰性、灵活性、成本等因素，合理地分配系统硬件和软件的功能。

1. 硬件总体方案设计

设计方法：采用"黑箱"设计法，即画方块图的方法。用此方法进行系统结构设计，只需明确各方块之间的信号输入输出关系和功能要求，而无需知道"黑箱"内的具体结构。

先确定系统的总体结构是开环控制还是闭环控制；接着确定类型：操作指导控制系统、直接数字控制系统、监督控制系统、分级控制系统、分散控制系统等；再进一步确定主机的类型：工业控制计算机、PLC 智能调节器等。根据系统需要检测的过程参量的个数，确定所需的检测元件及其检测精度；根据确定的系统输出机构的方案（一般情况下，输出机构有电动、气动、液动或其他驱动方式）等选择传感器、变送器和执行机构；其他方面可以考虑人机界面、系统机柜或机箱的结构设计、抗干扰等。

2. 软件总体方案设计

画出方框图，确定系统的数学模型、控制策略、控制算法。

3. 系统总体方案设计

将上面的硬件、软件总体方案合在一起构成系统总体方案。总体方案论证可行后，要形成文件，建立总体方案文档。

8.2.2　硬件的工程设计和实现

1. 选择系统总线和主机机型

系统采用总线结构可简化硬件设计，使系统的可扩展性好、更新性好。

内总线：常用的有 PC 总线和 STD 总线两种，一般选用 PC 总线。

外总线：指计算机与计算机，计算机与智能仪表、智能外设之间通信的总线，有串行和并行两大类。根据通信的距离、速率、系统的拓扑结构、通信协议等要求综合分析来确定。

主机机型的选择应根据微型计算机在控制系统中所承担的任务来确定，包括微型计算机系统组成方案的选择和微型计算机功能以及性能指标的选择。

1）微型计算机系统构成方案的选择

（1）组装方案。选择微处理器芯片，适当配置存储器和接口电路，选择合适的总线，设计出完整的系统硬件线路图和相应的印制电路板图，组装起来并和已设计好的软件一起进行调试。适用于大批量生产的小型专用控制系统。优点：整个系统结构紧凑、性能价格比高。缺点：要求设计者具有丰富的专业理论知识和工程设计能力及经验，设计工作量大，过程复杂，软件需全部自行开发，研发周期长。

（2）单片机方案。该方案体积小、重量轻、价格低、可靠性高，可广泛应用于小规模控制系统、智能控制装置、智能化仪表和各种先进的家电产品中。

（3）通用微型计算机系统方案。适用于需同时兼顾信息处理和控制功能，现场工作环境较好，可靠要求不太高的控制系统。优点：容易实现各种复杂的控制功能，硬、软件设计工作量小。硬件一般只需根据任务要求进行必要的接口扩展，软件开发可在已有的开发平台上进行，研制周期短。缺点：系统成本高(相对单片机而言)，计算机利用率低，可靠性和抗干扰能力相对于工业控制机差一些。

（4）专用工业控制计算机系统方案。优点：可靠性高，具有很强的抗干扰能力。缺点：价格高。

2）微型计算机性能指标选择

作为工业控制用计算机，应满足以下基本要求：完善的中断系统；足够的存储容量；微处理器具有足够的数据处理能力。

目前，微型计算机控制系统多采用8位、16位或32位微处理器，其数据处理速度、处理能力等随字长的增加而递增。实际使用时根据被控对象的变化速度选择微处理器的速度；速度的选择和字长的选择可以一起考虑。对于同一控制算法、同一精度要求，当字长短时，就要采用多字节运算以保证精度，这样完成计算和控制的时间就会增长，为保证实时控制能力，必须选用指令执行速度快的微处理器。同理，当微处理器的字长足够保证精度时，不必用多字节运算，这样完成计算和控制的时间短，因此，可选用指令执行速度较慢的微处理器。通常，8位及8位以上的微处理器都有足够的指令种类和数量，能满足基本的控制要求。

2. 选择输入输出通道模板

（1）数字量(开关量)输入/输出(DI/DO)模板。并行接口模板分为TTL电平DI/DO模板(常用于和主机共地的装置的接口)和带光电隔离的DI/DO模板(常用于其他装置与主机的接口)。

（2）模拟量输入/输出(AI/AO)模板包括A/D、D/A板和信号调理电路等。选择AI/AO模板时必须注意分辨率、转换速度、量程范围等技术指标。

3. 选择变送器和执行机构

变送器能将被测变量转换为可远传的统一标准的电信号。常用的变送器有温度变送器、压力变送器、液位变送器、差压变送器、流量变送器等。可根据被测参数的种类、量程、被测对象的介质类型和环境来选择具体型号。

执行机构分电动调节阀、气动调节阀、液动调节阀3种类型，另外有触点开关、无触点开关、电磁阀等。气动机构结构简单、价格低、防火防爆，可将电信号转换成气压信号。电动执行机构体积小、种类多、使用方便，可直接接收电信号。要实现连续、精确的控制，必须选用气动或电动调节阀。液动执行机构推力大、精度高，但使用不普遍。电磁阀用于要求不高的控制系统。

8.2.3 软件的工程设计和实现

1. 划分模块

程序设计应先模块后整体。设计时通常是按功能来划分模块。划分模块时要注意 4 点：一是一个模块不宜划分得太长或太短；二是力求各模块之间界限分明，逻辑上彼此独立；三是力图使模块具有通用性；四是简单任务不必模块化。

2. 资源的分配

硬件资源包括 ROM、RAM、定时/计数器、中断源、I/O 地址等。ROM 用于存放程序和表格，定时/计数器、中断源、I/O 地址在任务分析时已经分配好了。资源分配的主要工作是 RAM 的分配，应列出一张分配 RAM 资源的详细清单，作为编程依据。

3. 实时控制软件设计

（1）数据的采集及数据处理程序。数据的采集包括信号的采集、输入变换、存储。数据处理包括数字滤波、标度变换、线性化、越限报警等处理。

（2）控制算法程序。控制算法设计要根据具体的对象、控制性能指标要求以及所选择的微型计算机对数据的处理能力来进行。在设计中要注意以下几个问题。第一，由于控制算法对系统性能指标有直接的影响，因此，选定的控制算法必须满足控制速度、控制精度和系统稳定性的要求。第二，控制算法一旦确定以后，对于具体的被控对象需要作出必要的修改和补充，不要生搬硬套。第三，对于一些复杂的控制系统，应抓住影响系统性能的主要因素，适当地对系统进行简化，进而简化系统数学模型和控制算法程序，给系统设计和软件调试带来很多方便。

（3）控制量输出程序。实现对控制量的处理（上下限和变化率处理）、控制量的变换及输出。

（4）实时时钟和中断处理程序。许多实时任务例如采样周期、定时显示打印、定时数据处理等都必须利用实时时钟来实现，并由定时中断处理程序去完成任务。事故报警、重要的事件处理等常常使用中断技术。

（5）数据管理程序。主要用于完成画面显示、变化趋势分析、报警记录、统计报表打印输出等。

（6）数据通信程序。主要用于完成计算机与计算机、计算机与智能设备之间的信息交换。

8.2.4 系统的调试与运行

1. 离线仿真和调试

（1）硬件调试。对于各种标准功能模板，应按照说明书检查主要功能；对于现场仪表和执行机构，必须在安装前按照说明书进行校验；对于分级计算机控制系统和分布式计算机控制系统，需测试其通信功能，验证数据传输的正确性。

（2）软件调试。调试顺序是子程序、功能模块、主程序。系统控制程序的调试分为开环和闭环两种情况，开环调试是检查它的阶跃响应特性，闭环调试是检查它的反馈控制功能。通过分析记录的曲线，判断工作是否正确。整体调试是对模块之间连接关系的检查。

（3）系统仿真。

2. 在线调试和运行

在实际运行前设计人员必须制定调试计划、实施方案、安全措施、分工合作细则等。现场调试和运行的过程是从小到大、从易到难、从手动到自动、从简单到复杂逐步过渡。

8.3 基于单片机的语音温度计

8.3.1 工程概述

单片机广泛应用于调制解调器、电动机控制系统、空调控制系统、汽车发动机和其他一些领域。单片机的高速处理速度和增强型外围设备集合使得它们适合于这种高速事件应用场合。然而，关键应用领域也要求单片机高度可靠。完善的测试环境和用于验证这些无论在元部件层次还是系统级别的单片机的合适的工具环境保证了高可靠性和低市场风险。

8.3.2 系统总体方案设计

本系统选用的模块包括单片机系统、电源模块、LCD 显示模块、语音播报模块、温度传感器模块、键盘控制模块，如图 8-1 所示。单片机根据相关的执行命令，按照人们的意愿执行相应的操作。选用芯片 AT89C51，主要是因为它价格便宜而且通用性较强，容易获得并能完美地实现设计要求。

图 8-1 原理框图

主要原理：当温度传感器的信号送达至 AT89C51 芯片时，程序将依据送达信号的类型进行处理，并将处理结果送达显示模块、报警模块、语音播报模块，且发送控制信号控制各个模块。在硬件设计方面，AT89C51 外围电路提供能使其工作的晶振脉冲和复位按键，四个 I/O 口分别用于外围设备的连接。单片机 AT89C51 的 I/O 端口具体分配如表 8-1 所示。

表 8-1 AT89C51 的 I/O 端口具体分配

AT89C51 的 I/O 端口	外接点
P0.1～P0.7	语音芯片播音地址端口
P1.0～P1.7	LCD 地址显示端
P2.0	DS18B20 通道
P2.4～P2.7	连接键盘控制端口
P2.1～P2.3	DS1302
P0.0	开始播音口
P3.1	LCD 读/写选择端
P3.0	LCD 数据/命令端
P3.2	LCD 使能端

8.3.3　硬件设计

1．电源模块

电源模块采用四只干电池作为电源，优点是设计简明扼要，成本低，能独立驱动单片机，适合小电流负载。由于电路中各模块所需要的电压和电流各不相同，因此电源模块应该包含多个稳压电路，将电压转为芯片所需要的电压。

2．温度传感器模块

方案中采用了 DS18B20 作为温度数据采集器，主要作用是进行温度采集。AT89C51用于分析处理采集到的数据，精度达 0.0625℃，完全可以用来进行环境温度的测量和采集。DS18B20 是美国 DALLAS 公司生产的单总线数字温度传感器，其作用是可把温度信号直接转换成串行数字信号供微处理器处理，而且可以在一条总线上挂接任意多个DS18B20 芯片，构成多点温度检测系统，无需任何外加硬件。DS18B20 数字温度传感器可提供 9～12 位温度读数，读取或写入 DS18B20 的信息仅需一根总线。总线本身可以向所有挂接的 DS18B20 芯片提供电源，而不需额外的电源。

1）DS18B20 的测温原理

DS18B20 内有一个能直接转化为数字量的温度传感器，其分辨率为 9、10、11、12 bit并且可编程。通过设置内部配置寄存器可选择温度的转换精度，出厂时默认设置 12 bit。温度的转换精度有 0.5℃、0.25℃、0.125℃、0.0625℃。温度转换后以 16 bit 格式存入便笺式 RAM，可以用读便笺式 RAM 命令（BEH）通过 1-Wire 接口读取温度信息，数据传输时低位在前，高位在后。温度/数字对应关系如表 8-2 所示（分辨率为 12 bit 时）。由于 DS18B20 单线通信功能是分时完成的，它有严格的时隙概念，因此读写时序很重要。操作协议为：初始化 DS18B20（发复位脉冲）→发 ROM 功能命令→发存储器操作命令→处理数据。

表 8-2　温度和数据对应表

温　度	二进制数据	十六进制数据
+125℃	0000 0111 1101 0000	07D0h
+85℃*	0000 0101 0101 0000	0550h
+25.0625℃	0000 0001 1001 0001	0191h
+10.125℃	0000 0000 1010 0010	00A2h
+0.5℃	0000 0000 0000 1000	0008h
0℃	0000 0000 0000 0000	0000h
-0.5℃	1111 1111 1111 1000	FFF8h
-10.125℃	1111 1111 0101 1110	FF5Eh
-25.0625℃	1111 1110 0110 1111	FE6Fh
-55℃	1111 1100 1001 0000	FC90h

2）DS18B20 与 AT89C51 的接口电路设计

DS18B20 可以从单总线上得到能量并储存在内部电容中，该能量是供信号线处于低电平期间消耗，在信号线为高电平时能量得到补充，这种供电方式被称为寄生电源供电。DS18B20 也可以由 3～5.5 V 的外部电源供电。所以在硬件上，DS18B20 与单片机的连接有两种方法：一种是 VCC 接外部电源，GND 接地，I/O 与单片机的 I/O 线相连；另一种是用寄生电源供电，此时 UDD、GND 接地，I/O 接单片机 I/O。无论是内部寄生电源还是外部供电，I/O 口线要接 5 kΩ 左右的上拉电阻。

3. 显示模块

LCD 显示屏是一种低压、微功耗的显示器件，只要 2～3 V 就可以工作了，工作电流仅为几微安，是其他显示器无法相比的。同时它还可以显示大量信息，除数字外，还可以显示字母、曲线，比其他传统的 LED 数码显示器的画面有了质的提高。虽然 LCD 显示器的价格比传统的 LED 数码管要贵些，但它的显示效果更好，是当今显示器的主流产品，所以采用 LCD 作为显示器。采用 LCD 显示屏更容易满足现实需求，对后续功能的兼容性很高，只需修改软件即可，可操作性强，易于读数，采用 RT1602 显示屏，能够显示两行 16 个字符，能同时显示日期、时间和温度。

RT1602 液晶显示器的引脚说明如下：

第 3 脚 VL 为液晶显示器对比度调整端，接正电源时对比度最弱，接地时对比度最高，对比度过高时会产生"鬼影"，使用时可以通过一个 10 kΩ 的电位器调整对比度。第 4 脚 RS 为寄存器选择端，高电平时选择数据寄存器，低电平时选择指令寄存器。第 5 脚 R/W 为读写/信号线，高电平时进行读操作，低电平时进行写操作。当 RS 和 R/W 共同为低电平时可以写入指令或者显示地址，当 RS 为低电平 R/W 为高电平时可以读忙信号，当 RS 为高电平 R/W 为低电平时可以写入数据。第 6 脚 E 为使能端，当 E 由高电平跳变成低电平时，液晶模块执行命令。第 7～14 脚 D0～D7 为 8 位双向数据线。第 15、16 脚为背光电源。

RT1602 基本操作时序如表 8-3 所示。

表 8-3　RT1602 基本操作时序

基本时序操作	输　入	输　出
读状态	RS＝L，R/W＝H，E＝H	D0～D7＝状态
读数据	RS＝H，R/W＝H，E＝H	无
写指令	RS＝L，R/W＝L，E＝高脉冲，D0～D7＝指令码	D0～D7＝数据
读指令	RS＝H，R/W＝L，E＝高脉冲，D0～D7＝数据	无

4. 键盘控制模块

对于独立式按键来说，如果设置过多按键，会占用较多 I/O 口，给布线带来不便，因此此方案适用于按键较少的情况。但是在本设计中所需要的控制点数较少，只需要几个功能键，因此简便、易操作、成本低就成了首要考虑的因素。

按键的开关状态通过一定的电路转换为高、低电平状态。按键闭合过程在相应的 I/O 端口形成一个负脉冲。闭合和释放过程都要经过一定的过程才能达到稳定，这一过程是处于高、低电平之间的一种不稳定状态，被称为抖动。

本系统中用到四个功能控制按键，用 P2 的 4 个 I/O 口接 4 个独立式按键即可满足需要，软件消除抖动。当发现有键按下时，延时 10～20 ms 再查询是否有键按下。若没有键按下。说明上次查询结果为干扰或抖动；若仍有键按下，则说明闭合键已稳定。键盘控制电路如图 8 - 2 所示。

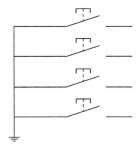

图 8 - 2　键盘控制电路

5. 语音播报模块

ISD1420 是采用模拟存取技术集成的可反复录放的 20 s 语音芯片，掉电语音不丢失，最大可分 160 段，最小每段语音长度为 125 ms。每段语音都可由地址线控制输出，每 125 ms 为一个地址，由 A0～A7 八根地址线控制。地址输入 A0～A7 有双重功能，由 A6、A7 的电平状态决定。如果 A6、A7 中有一个是低电平，那么 A0～A7 输入全解释为地址位，作为起始地址。地址位仅作为输入端，在操作过程中不能输出内部地址信息。在 $\overline{\text{PLAYL}}$、$\overline{\text{PLAYE}}$ 或 $\overline{\text{REC}}$ 的下降沿，地址输入信号被锁定。如果 A6、A7 同为高电平，则 A0～A7 为模式位。

1）ISD1420 的操作模式

所有初始操作都是从 0 地址开始。0 地址是 ISD1420 存储空间的起始端，以后的操作可根据模式的不同而从不同的地址开始工作。当电路中录放音转换或进入省电状态时，地址计数器复位为 0。

当 $\overline{\text{PLAYL}}$、$\overline{\text{PLAYE}}$ 或 $\overline{\text{REC}}$ 变为低电平，同时 A6、A7 为高电平时，执行对应操作模式。这种操作模式一直执行到下一个低电平控制输入信号出现为止，这一刻现行的地址/模式信号被取样并执行。

操作模式既可以用微控制器实现，也可用硬件连线得到所需系统操作。

A0——信息检索（$\overline{\text{PLAYE}}$ 或 $\overline{\text{PLAYL}}$ only）。A0 可使操作者不必知道每个信息的实际地址而快速检索每条信息，A0 每输入一个低脉冲，可使得内部地址计数器跳到下一个信息。这种模式仅用于放音，通常与 A4 操作同时应用。

A1——删除 EOM 标志（$\overline{\text{REC}}$ only）。可使录入的分段信息成为连续的信息，用 A1 可删除每段中间信息后的 EOM 标志，仅在所有信息后留一个 EOM 标志。当这个操作模式完成时，录入的所有信息就作为一个连续的信息放出。

A3——循环重放信息（$\overline{\text{PLAYE}}$ 或 $\overline{\text{PLAYL}}$ only）。可使存于存储空间始端的信息自动地连续重放。一条信息可以完全占满存储空间，那么循环就可以从头至尾进行工作，并由始至终反复重放。

A4——连续寻址。在正常操作中，当一个信息放出，遇到一个 EOM 标志时，地址计数器会复位，A4 可防止地址计数器复位，使得信息连续不断地放出。

A2、A5——未用。

在这里我们只用到地址功能来分段控制，所以需要保证 A6、A7 不可同时为 1，这里可以用软件进行保护。地址输入端 A0～A7 有效值范围为 00000000～10011111，这表明最多可被划分为 160 个存储单元，可录放多达 160 段语音信息。由 A0～A7 决定每段语音的起始地址，而起始地址又直接反映了录放的起始时间。其关系公式为

$$TQ = 0.125s \times (128A7 + 64A6 + 32A5 + 16A4 + 8A3 + 4A2 + 2A1 + 0)$$

2）ISD1420 语音芯片录放音电路设计

分段录音时，ISD1420 的 A0～A7 用作地址输入线，A6、A7 不可同时为高电平，所以地址范围为 00H～9FH，即为十进制码 0～159，共 160 个数值。这表明 ISD1420 的 EEPROM 模拟存储器最多可被划分为 160 个存储单元，也就是说 ISD1420 最多可存储 160 个语音段，语音段的最小时间长度为 0.125 s。不同分段的选择通过对 A0～A7 端接不同的高低电平来实现。

ISD1420 分段录音可以通过硬件（开关）来实现，也可以通过软件编程来实现。

ISD1420 各引脚说明如下：

A0～A7——地址输入端。当 A6 和 A7 不全为高电平时，A0～A7 为分段录音信息地址线，不同的地址对应不同的录音片断。

MIC——话筒输入端。话筒输入信号通过电容交流耦合至此引脚并传给片上预放大器，耦合电容 C_7 的值和该端内阻 R_7（10 kΩ）决定语音信号通频带下限频率。

MICREF——话筒参考输入端。MIC REF 是预放大器的反相输入端，配合外电路可使片上预放大器具有较高的噪声抑制比和共模抑制比。

ANA IN——模拟信号输入端。对于话筒输入，ANA IN 引脚应通过外部电容 C_4 与 ANA OUT 引脚连接，耦合电容 C_4 决定片上控制预放大器通频带的下限频率。

ANA OUT——预放大器的输出端。预放大器的电压增益取决于 AGC 电平，对于小信号输入电平，其增益最大为 24 dB，对于强信号，增益较低。

AGC——自动增益控制端。AGC 动态地调整预放大器增益，使加至 MIC 输入端的非失真信号的范围扩展。内阻抗（5 Ω）和外部电容决定 AGC 的响应时间，外部电容和外部电阻的 RC 时间常数决定 AGC 的释放时间。

SP+、SP−——喇叭输出端。该端可直接驱动 16 Ω 的喇叭。

XCLK——外接时钟输入端。ISD1420 具有内部时钟，一旦接入外部时钟，内部时钟会自动失去作用。电路不用外部时钟时该引脚接地，一般不推荐使用外部时钟，除非要求时钟信号特别精确。

$\overline{RECLED}$——工作状态指示端。在录音或放音时该端输出低电平，可驱动一个 LED 来指示状态。在录音过程中指示灯一直亮着，在放音结束时，指示灯闪烁一下。

$\overline{PLAYE}$——边沿触发放音控制端。该端输入一低脉冲，芯片即进入放音状态，直至遇到信息结束标记（EOM）或到存储空间的末尾时回放过程结束，电路自动进入准备状态。回放过程中 $\overline{PLAYE}$ 变化不会影响回放过程。

$\overline{PLAYL}$——电平触发放音控制端。该端电平变为低电平并保持时，芯片进入放音状态，放音过程持续到该端电平由低变高或遇到信息结束标记（EOM），结束后电路进入准备状态。

$\overline{REC}$——录音触发端。$\overline{REC}$ 一旦变为低电平，芯片就进入录音状态，$\overline{REC}$ 的权限优先于 $\overline{PLAYE}$ 和 $\overline{PLAYL}$，在放音期间若遇 $\overline{REC}$ 接低电平，放音就会立即停止并转入录音状态开始录音。录音期间 $\overline{REC}$ 应始终保持低电平，$\overline{REC}$ 变高或存储空间变满时录音过程结束，这时在录音截止的地方会记录一个信息结束标记（EOM）。

V_{CCD}、V_{CCA}——数字电源正端和模拟电源正端。

V_{SSD}、V_{SSA}——数字地和模拟地。

电路实现录音功能说明：S1、S2、S3 分别是控制录音和放音按键，当按下 S1 时开始录音，S2、S3 为两种方式的放音按键，当按一下 S2 时开始放音，是下降沿触发的，而 S3 为电平控制的，必须一直按着此键直至放音结束。LED 和限流电阻组成录放音指示电路，当录音结束、录音超出时限（存储器溢出）或放音结束时，ISD1420 的 25 脚呈高电平，LED 熄灭。对 ISD1420 进行分段录音之前要先列出语音信息与分段地址的对照表，如表 8-4 所示，然后检查电路连接、接线和电源情况，并通过对照表来设置 8 个开关选择要录音的地址。最后按下录音键直至录音结束，松开录音键，重复此操作就可以将自己需要录入的内容全部录入到芯片中。另外，A0 和 A1 都需要接地，因为我们要确保分段间隔不小于 0.5 s，所以至少要四段，否则录音的信息可能会重叠，导致放音时达不到自己的要求。用户录制的语音每一段结束后芯片自动设有段结束标志（EOM），芯片录满后设有溢出标志（OVF）。

表 8-4　分段语音信息与地址对照表

语音信息	分段地址	A7	A6	A5	A4	A3	A2	A1	A0
1	00H	0	0	0	0	0	0	0	0
2	08H	0	0	0	0	1	0	0	0
3	10H	0	0	0	1	0	0	0	0
4	18H	0	0	0	1	1	0	0	0
5	20H	0	0	1	0	0	0	0	0
6	28H	0	0	1	0	1	0	0	0
7	30H	0	0	1	1	0	0	0	0
8	38H	0	0	1	1	1	0	0	0
9	40H	0	1	0	0	0	0	0	0
十	48H	0	1	0	0	1	0	0	0
摄氏度	50H	0	1	0	1	0	0	0	0
现在温度是	58H	1	0	0	1	1	0	0	0

3）ISD1420 与 AT89C51 接口电路设计

ISD1420 录音和放音电路可以通过硬件开关控制。本设计录音是用硬件控制，但是播报温度放音是通过 AT89C51 来控制的。单片机某一段的起始地址进行放音操作时，遇到段结束标志（EOM）即自动停止放音，单片机收到段结束标志（EOM）就开始触发下一段语音的起始地址，如此控制，即可以将很多不同段的语音组合在一起合成一句话放音出来，实现语音的自动组合。ISD1420 与 AT89C51 的接口连接有：AT89C51 的 P0 端口连接

ISD1420 的地址线 A0～A7，ISD1420 放音电路通过 AT89C51 的 P0.0 口控制 PLAYER 放音功能。

6. 报警模块

报警模块的工作原理是：当温度传感器检测到的温度高于温度的上限或低于温度的下限设定值时，单片机的 P0.0 发出高电平信号促使 PNP 三极管导通点亮发光二极管，蜂鸣器也发出响声，产生声光报警。报警电路如图 8-3 所示。

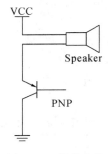

图 8-3　报警电路

8.3.4　软件设计

1. 开发工具介绍

单片机开发中除了硬件，同样离不开软件，编写的汇编程序要变为 CPU 可执行的机器码有两种方法，一种是手工汇编，另一种是机器汇编。机器汇编是通过汇编软件将源程序变为机器码，用于 MSC-51 单片机的汇编软件有早期的 A51。随着单片机开发技术的不断发展，从普遍使用汇编语言到逐渐使用高级语言，单片机的开发语言也在不断发展，Keil 是目前最流行的开发 MCS-51 系列单片机的软件。Keil C51 支持汇编、PLM 语言和 C 语言的程序设计，界面友好。Keil C51 是美国 Keil Software 公司出品的 51 系列兼容单片机 C 语言开发系统，与汇编语言相比，C 语言在功能、结构、可读性、可维护性上有明显的优势，因而易学易用。用过汇编语言后再使用 C 语言来开发，体会更加深刻。Keil 提供了包括 C 编译器、宏汇编、连接器、库管理和一个功能强大的仿真调试器等在内的完整开发方案，通过一个集成开发环境（uVision）将这些部分组合在一起。运行 Keil 软件需要 Win98/NT/2000/XP 等操作系统。

Keil C51 软件提供丰富的库函数和功能强大的集成开发调试工具，全 Windows 界面。另外重要的一点，只要看一下编译后生产的汇编代码，就能体会到 Keil C51 生成的目标代码效率非常之高，多数语句生成的汇编代码很紧凑，容易理解，在开发大型软件时更能体现高级语言的优势。

2. 系统软件设计方案

主程序在运行的过程中必须先经过初始化，包括键盘程序、测量程序以及各个控制端口的初始化工作。系统在初始化完成后就进入读取温度测量程序，实时地测量当前的温度，并判断温度是否超出设定范围。若超出（低于）温度上（下）限，则调用报警子程序。测得的温度值通过显示电路在 LCD 上显示。系统软件设计的总体流程如图 8-4 所示。

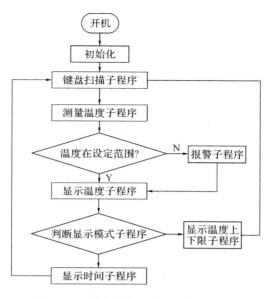

图 8 - 4　系统软件设计的总体流程图

3. 键盘扫描子程序

对于系统来说，键输入程序是整个键盘控制应用系统的核心。当所设的功能键按下时，系统应完成该键所设的功能。本系统具体实现功能如表 8 - 5 所示。按键闭合过程在相应的 I/O 端口形成一个负脉冲。闭合和释放过程都要经过一定的过程才能达到稳定，这一过程是处于高、低电平之间的一种不稳定状态，被称为抖动。为了保证 CPU 对键的一次闭合仅作一次处理，必须去除抖动影响。本设计采用软件去抖的办法，具体为：检测到有按键按下时，执行一个 5～10 ms 的延迟程序后，再确认该键是否仍保持闭合状态电平，如保持闭合状态电平则确认该按键为真正按下的状态，从而消除了抖动影响。键盘扫描子程序流程如图 8 - 5 所示(延时子程序未画出)。

表 8 - 5　按键功能表

按　键	实现功能
SW5 按下一次	进入时间秒设置模式
SW5 按下二次	进入时间分设置模式
SW5 按下三次	进入时间时设置模式
SW5 按下四次	进入温度上限设置模式
SW5 按下五次	进入温度下限设置模式
SW5 按下六次	退出设置模式
SW6 按下一次	在设置模式下对应数值加 1
SW7 按下一次	在设置模式下对应数值减 1
SW8 按下一次	播报当时温度值

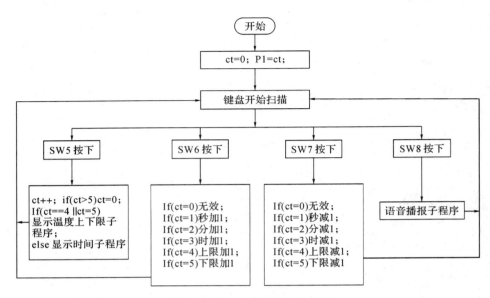

图 8-5　键盘扫描子程序流程图

4. 测量温度子程序设计

因为在整个语音温度计的设计中是以正确采集温度为前提的，如果温度采集不正确，那么即使后续电路（例如显示和报温电路）均正确，最后的结果仍然不能达到我们所要的目标，也就是不能正确地对环境温度进行显示和报温，所以关于 DS18B20 的温度采集是非常重要的。DS18B20 单线通信功能是分时完成的，它有严格的时隙概念，因此读写时序很重要。操作协议为：初始化 DS18B20（发复位脉冲）→发 ROM 功能命令→发存储器操作命令→处理数据。测温子程序流程如图 8-6 所示。部分 DS18B20 控制指令及其功能如表8-6 所示。

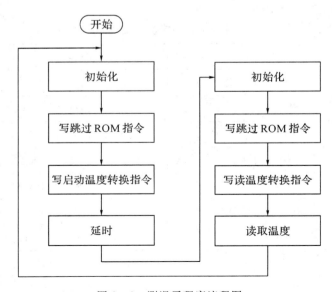

图 8-6　测温子程序流程图

表 8 - 6　控制 DS18B20 指令表

指　　令	指令代码	操 作 说 明
跳过 ROM	CCH	忽略 64 位 ROM 编码
温度转换	44H	启动 DS18B20 进行温度转换
读暂存器	BEH	读暂存器 9 个字节内容
写暂存器	4EH	将数据写入暂存器的 TH、TL 字节
复制暂存器	48H	把暂存器的 TH、TL 字节写到 E^2PROM 中
重新调 E^2PROM	B8H	把 E^2PROM 中的 TH、TL 字节写到暂存器 TH、TL 中
读电源供电方式	B4H	启动 DS18B20 发送电源供电方式的信号给主 CPU

5. 报警子程序

初始默认上下限报警值，或键盘设定报警值，实时测量温度值并与温度上下限值比较，如果超过报警范围，则导通三极管，触发蜂鸣器与指示灯报警。当实时温度恢复到报警范围内时，自动停止报警。报警子程序流程如图 8-7 所示。

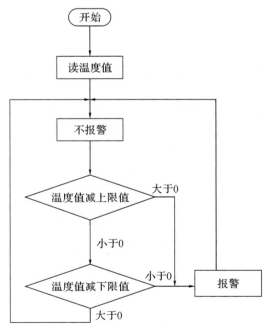

图 8 - 7　报警子程序流程图

6. 语音播放子程序

单片机语根据语音信息与分段地址的对照表和当前温度，组合出播报当前的温度语音数据地址，再通过 P3.3 控制语音芯片放音，把处理的数据地址通过 P1 端口写给语音芯片。语音播放子程序流程如图 8-8 所示。

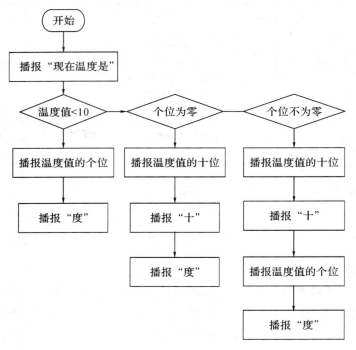

图 8-8　语音播放子程序流程图

8.3.5　系统调试

清楚基本操作时序就可以完成写指令和写数据到 LCD 中的子函数设计。在子函数中为了使液晶显示更加稳定，可以设计最简短的延时功能。

显示模式包括当前温度显示、时间显示、温度上下限显示，它们的实现都是先初始化调用显示字符串子程序，再调用显示指定位置字符子程序。显示当前温度子程序流程如图 8-9所示，图 8-10 是其系统仿真电路图。

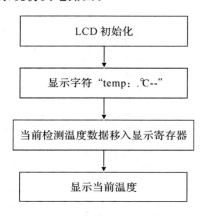

图 8-9　显示当前温度子程序流程图

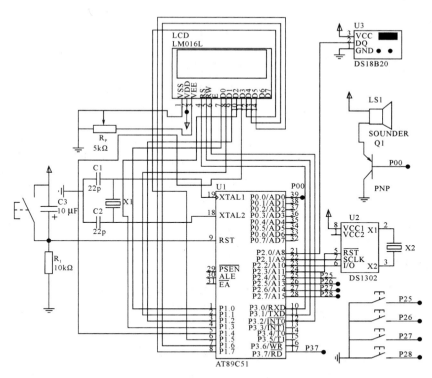

图 8-10　语音温度计仿真电路

8.4　电阻炉温度控制系统

8.4.1　系统总体描述

电阻炉温度控制系统主要由计算机、采集板卡、控制箱、加热炉体组成。由计算机和采集板卡完成温度采集、控制算法计算、输出控制、监控画面等主要功能。控制箱内装有温度显示与变送仪表、控制执行机构、控制量显示电路、手控电路等。加温炉体由民用烤箱改装，较为美观，适合实验室应用。

单回路电阻炉温度控制系统主要的性能指标如下：

（1）计算机采集控制板卡 PCI-1711：

A/D：12 位，输入电压为 0～5 V。

D/A：12 位，输出电压为 0～5 V。

（2）控制及加热箱：

控制电压为 0～220 V。

控制温度为 20 ℃～250 ℃。

测温元件为 PT100 热电阻（输出：直流 0～5 V 或 4～20 mA）。

执行元件为固态继电器（输入：直流 0～5 V，输出：交流 0～220 V）。

单回路温度控制系统是一个典型的计算机控制系统，其硬件结构如图 8-11 所示，但是没有数字量输入/输出通道。

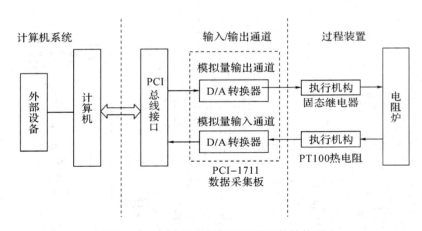

图 8 - 11　电阻炉温度控制系统硬件结构图

8.4.2　硬件系统设计

系统的硬件设计包括传感器、执行器、A/D 和 D/A 转换器的设计，而 PCI 总线接口属于计算机的系统总线，下面分别加以详细介绍。

1. 传感器设计

温度传感器有热电阻和热电偶。热电阻最大的特点是工作在中低温区，性能稳定，测量精度高。系统中电炉的温度被控制在 0～250℃之间，为了留有余地，我们要将温度的范围选在 0℃～400℃，它为中低温区，所以本系统选用热电阻 PT100 作为温度检测元件。热电阻中集成了温度变送器，将热电阻信号转换为 0～5 V 的标准电压信号或 4～20 mA 的标准电流信号输出，供计算机系统进行数据采集。

热电阻传感器是利用电阻随温度变化的特性制成的温度传感器。热电阻传感器按其制造材料来分，可分为金属热电阻和半导体热电阻两大类；按其结构来分，有普通型热电阻、铠装热电阻和薄膜热电阻；按其用途来分，有工业用热电阻、精密的和标准的热电阻。热电阻传感器主要用于对温度和温度有关的参量进行测量。

下面分析热电阻的测温原理。金属体热电阻传感器通常使用电桥测量电路，如图 8 - 12所示。

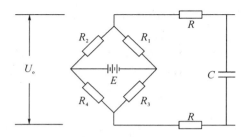

图 8 - 12　电桥测量原理图

测量电路原理分析如下：

对于铂电阻，在 0～850℃范围内有非线性关系 $R_t = R_0(1 + At + Bt^2)$，其中 R_0 为 0℃时的铂电阻值，R_t 为 t℃时铂电阻值。纯度 $R_{100}/R_0 = 1.1391$ 时，$A = 3.96847 \times 10^{-3}$，$B =$

-5.847×10^{-5}。写成增量形式为

$$\Delta R_t = R_t - R_0 = R_0(At + Bt^2) \tag{8-1}$$

或者

$$t = \frac{-A + \sqrt{A^2 + 4B\Delta R_t / R_0}}{2B} \tag{8-2}$$

图 8-12 中 R_t 所在的桥臂为工作桥臂，其中 R_t 为 PT100，R 和 C 为低通滤波。电桥输出的电压为

$$U_o = E\left(\frac{R_t}{R_2 + R_t} - \frac{R_3}{R_3 + R_4}\right) \tag{8-3}$$

由于 $R_0 = R_3$，$R_2 = R_4 = R$。代入式(8-3)可以得到

$$U_o = E\frac{R\Delta R_t}{(\Delta R_t + R + R_0)(R_0 + R)} \tag{8-4}$$

或者

$$\Delta R_t = \frac{U_o(R_0 + R)^2}{ER - U_o(R_0 + R)} \tag{8-5}$$

对热电阻信号进行变送处理，变成适用于计算机采样的标准信号 $0 \sim 5$ V 或 $4 \sim 20$ mA。其增益 K_{AD} 和外接电阻 R_G 的关系如下：

$$K_{AD} = \frac{1 + 49.4 \text{ k}\Omega}{R_G} \tag{8-6}$$

集成仪用放大器 AD620 是由美国模拟器件公司（AD）生产的，其特点是体积小、功耗低、精度高、噪声低和输入偏置电流低。最大输入偏置电流为 20 nA，这一参数反映了它的高输入阻抗。AD620 在外接电阻 R_G 时可实现 $1 \sim 1000$ 范围内的任意增益，其工作电源范围为 $\pm 2.3 \sim \pm 18$ V，最大电源电流为 1.3 mA，最大输入失调电压为 125 μV，频带宽度为 120 kHz。

设高精度仪用放大器构成的放大电路放大倍数为 K_1，则放大器的输出为

$$U_2 = K_1 U_o \tag{8-7}$$

A/D 转换器输出量为

$$N = N_0 \frac{U_2}{V_{REF}} \tag{8-8}$$

对于 12 位的 A/D 采集器，有 $N_0 = 4096$，V_{REF} 为参考电压，可得

$$\Delta R_t = \frac{N(R_0 + R)^2}{K_1 K_2 ER - N(R_0 + R)} \tag{8-9}$$

$$t = -\frac{A}{2B}\left[1 - \sqrt{1 + C_1\frac{N}{C_2 - N}}\right] \tag{8-10}$$

式中：$K_2 = \dfrac{N_0}{U_{REF}}$；$C_1 = \dfrac{4B(R_0 + R)}{A^2 R_0}$；$C_2 = \dfrac{K_1 K_2 ER}{R + R_0}$。

对于特定的铂热电阻，其纯度为 $R_{100}/R_0 = 1.1391$ 时可准确测量，对应的 A、B 系数可以查有关的手册获得；K_2 为 A/D 转换系数，与 N_0 和 V_{REF} 有关，可以准确标定；R 为电桥电阻，可以选用精密电阻，保证其精度。E 为电桥供电电源，K_1 为电压放大器的倍数，这些参数是已知的。只要测量 N 的值就可以精确计算出被测温度值。

2. 执行器设计

执行器选用交流固态继电器(Solid State Relays，SSR)，它是一种全部由固态电子元件组成的新型无触点通断电子开关，为四端有源器件。其中两个端子为输入控制端，另外两端为输出受控端，中间采用光电隔离，作为输入输出之间电气隔离(浮空)。在输入端加上直流或脉冲信号，输出端就能从关断状态转变成导通状态(无信号时呈阻断状态)，从而控制较大负载。整个器件无可动部件及触点，功能相当于常用的机械式电磁继电器。

固态继电器利用电子元件(例如开关三极管、双向可控硅等半导体器件)的开关特性，可达到无触点、无火花地接通和断开电路的目的，因此又被称为"无触点开关"。它问世于20世纪70年代，由于具有无触点工作特性，因此在许多领域的电控及计算机控制方面得到日益广泛的应用。SSR按使用场合可以分为交流型和直流型两大类，它们分别在交流或直流电源上作为负载的开关。下面以本系统选用的交流型 SSR 为例来说明固态继电器的工作原理。

交流型 SSR 工作原理框图如图 8-13 所示，图 8-14 是一种典型的交流型 SSR 的原理图。

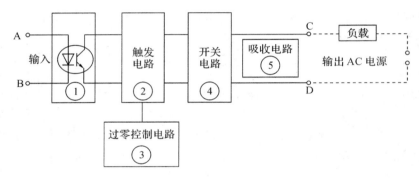

图 8-13　固态继电器工作原理框图

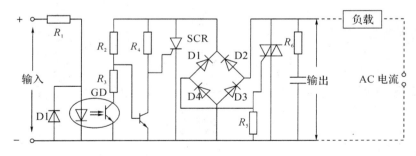

图 8-14　交流固态继电器原理图

图 8-13 中的部件①～④构成交流 SSR 的主体。从整体上看，SSR 只有两个输入端(A和 B)及两个输出端(C 和 D)，是一种四端器件。工作时只要在 A、B 端加上一定的控制信号，就可以控制 C、D 两端之间的"通"和"断"，实现"开关"的功能。其中耦合电路的功能是为 A、B 端输入的控制信号提供一个输入/输出端之间的通道，但又在电气上断开 SSR 中输入端和输出端之间的(电)联系，以防止输出端对输入端的影响。耦合电路采用的元件是光耦合器，它动作灵敏、响应速度高、输入/输出端间的绝缘(耐压)等级高。输入端的负载是

发光二极管，使 SSR 的输入端很容易做到与输入信号电平相匹配，在使用时可直接与计算机输出接口相接，即受"1"与"0"的逻辑电平控制。触发电路的功能是产生合乎要求的触发信号，驱动开关电路④工作，但由于开关电路在不加特殊控制电路时，将产生射频干扰并以高次谐波或尖峰等污染电网，为此特设"过零控制电路"。所谓"过零"，是指当加入控制信号，交流电压过零时，SSR 即为通态；而当断开控制信号后，要等待交流电的正半周与负半周的交界点（零电位）时，SSR 才为断态。这种设计能防止高次谐波的干扰和对电网的污染。吸收电路是为防止从电源中传来的尖峰、浪涌（电压）对开关器件双向可控硅管造成冲击和干扰（甚至误动作）而设计的，一般采用 RC 串联吸收电路或非线性电阻（压敏电阻器）。

3. A/D、D/A 模块设计

A/D 和 D/A 转换选用 PCI-1711 数据采集集成板卡来实现。该板卡是一款功能强大的低成本多功能 PCI 总线数据采集卡，具有以下特点：16 路单端模拟量输入；12 位 A/D 转换器，采样速率可达 100 kHz；每个输入通道的增益可编程；自动通道/增益扫描；卡上有 1 KB 的采样 FIFO 缓冲器；2 路 12 位模拟量输出；16 路数字量输入及 16 路数字量输出；可编程触发器/定时器。

1）即插即用功能

PCI-1711 完全符合 PCI 2.1 标准，支持即插即用。在安装时，用户不需要设置任何跳线和 DIP 拨码开关。实际上，所有与总线相关的配置，比如基地址、中断，均由即插即用功能完成。

2）灵活的输入类型和范围设定

PCI-1711 有一个自动通道/增益扫描电路。在采样时，这个电路可以自己完成对多路选通开关的控制，用户可以根据每个通道不同的输入电压类型来进行相应的输入范围设定，所选择的增益值将储存在 SRAM 中。这种设计保证了为达到高性能数据采集所需的多通道和高速采样。

3）卡上 FIFO（先入先出）存储器

PCI-1711 卡上提供了 FIFO（先入先出）存储器，可储存 1 KB A/D 采样值，用户可以启用或禁用 FIFO 缓冲器中断请求功能。当启用 FIFO 中断请求功能时，用户可以进一步指定中断请求发生在 1 个采样产生时还是在 FIFO 半满时。该特性提供了连续高速的数据传输及 Windows 下更可靠的性能。

4）卡上可编程计数器

PCI-1711 有 1 个可编程计数器，可用于 A/D 转换时的定时触发。计数器芯片为 82C54 兼容的芯片，它包含了三个 16 位的 10 MHz 时钟的计数器。其中有一个计数器作为事件计数器，用来对输入通道的事件进行计数；另外两个计数器级联成 1 个 32 位定时器，用于 A/D 转换时的定时触发。

4. PCI 系统总线

PCI（Peripheral Component Interconnect）总线是一种高性能局部总线，是为了满足外设间以及外设与主机间的高速数据传输而提出来的。在数字图形、图像和语音处理以及高速实时数据采集与处理等对数据传输率要求较高的应用中，采用 PCI 总线进行数据传输可以解决原有的标准总线数据传输率低带来的瓶颈问题。从 1992 年创立规范到如今，PCI 总线已成为了计算机的一种标准总线。PCI 总线构成的标准系统结构如图 8-15 所示，其特点如下：

（1）数据总线 32 位，可扩充到 64 位。

（2）可进行突发（Burst）式传输。

（3）总线操作与处理器—存储器子系统操作并行。

（4）总线时钟频率 33 MHz 或 66 MHz，最高传输率可达 528Mb/s。

（5）中央集中式总线仲裁。

（6）全自动配置资源分配：PCI 卡内有设备信息寄存器组为系统提供卡的信息，可实现即插即用（PNP）。

（7）PCI 总线规范独立于微处理器，通用性好。

（8）PCI 设备可以完全作为主控设备控制总线。

（9）PCI 总线引线：高密度接插件，分基本插座（32 位）及扩充插座（64 位）。

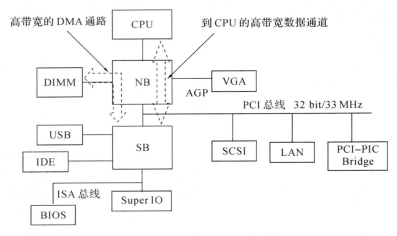

图 8-15　典型 PCI 总线的构成

不同于 ISA 总线，PCI 总线的地址总线与数据总线是分时复用的。这样做的好处是一方面可以节省接插件的引脚数，另一方面便于实现突发数据传输。在进行数据传输时，由一个 PCI 设备做发起者（主控，Initiator 或 Master），另一个 PCI 设备做目标（从设备，Target 或 Slave）。总线上的所有时序的产生与控制都由 Master 发起。PCI 总线在同一时刻只能供一对设备完成传输，这就要求有一个仲裁机构（Arbiter）来决定谁有权力拿到总线的主控权。

当 PCI 总线进行操作时，发起者（Master）先置 REQ♯，当得到仲裁器（Arbiter）的许可时（GNT♯），会将 FRAME♯ 置低，并在 A/D 总线上放置 Slave 地址，同时 C/BE♯ 放置命令信号，说明接下来的传输类型。所有 PCI 总线上的设备都需对此地址译码，被选中的设备要置 DEVSEL♯ 以声明自己被选中。然后当 IRDY♯ 与 TRDY♯ 都置低时，可以传输数据。当 Master 数据传输结束时，将 FRAME♯ 置高以标明只剩最后一组数据要传输，并在传完数据后放开 IRDY♯ 以释放总线控制权。

这里我们可以看出，PCI 总线的传输是很高效的，发出一组地址后，理想状态下可以连续发数据，峰值速率为 132 MB/s。实际上，目前流行的 33M@32bit 北桥芯片一般可以做到 100 MB/s 的连续传输。

PCI 总线可以实现即插即用的功能。所谓即插即用是指当板卡插入系统时，系统会自动对板卡所需资源进行分配，例如基地址、中断号等，并自动寻找相应的驱动程序。而不像旧的 ISA 板卡，需要进行复杂的手动配置。

在 PCI 板卡中有一组寄存器叫"配置空间"(Configuration Space)，用来存放基地址、内存地址以及中断等信息。以内存地址为例，上电时，板卡从 ROM 里读取固定的值放到寄存器中，对应内存的地方放置的是需要分配的内存字节数等信息。操作系统要根据这个信息分配内存，并在分配成功后在相应的寄存器中填入内存的起始地址，这样就不必手工设置开关来分配内存或基地址了。对于中断的分配也与此类似。

PCI 总线可以实现中断共享。ISA 卡的一个重要局限在于中断是独占的，而我们知道计算机的中断号只有 16 个，系统又用掉了一些，这样当有多块 ISA 卡要用中断时就会有问题了。

PCI 总线的中断共享由硬件与软件两部分组成。硬件上，采用电平触发的办法：中断信号在系统一侧用电阻接高，而在要产生中断的板卡上利用三极管的集电极将信号拉低。这样不管有几块板产生中断，中断信号都是低的；而只有当所有板卡的中断都得到处理后，中断信号才会回复高电平。

软件上，采用中断链的方法：假设系统起动时，发现板卡 A 用了中断 7，就会将中断 7 对应的内存区指向 A 卡对应的中断服务程序入口 ISR_A，然后系统发现板卡 B 也用中断 7，这时就会将中断 7 对应的内存区指向 ISR_B，同时将 ISR_B 的结束指向 ISR_A。依此类推，就会形成一个中断链。而当有中断发生时，系统跳转到中断 7 对应的内存，也就是 ISR_B。ISR_B 就要检查是不是 B 卡的中断。如果是，要处理，并将板卡上的拉低电路放开。如果不是，则呼叫 ISR_A。这样就完成了中断的共享。

通过以上讨论，我们不难看出，PCI 总线有着极大的优势，而近年来的应用情况也证实了这一点。

8.4.3　控制系统设计

如前所述，单回路电阻炉温度控制系统是一个典型的计算机控制系统，其控制系统结构如图 8-16 所示。

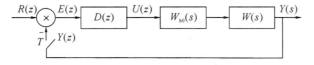

图 8-16　电阻炉温度控制系统结构

图中 $W(s)$ 为电阻炉传递函数模型，$W_{h0}(s)$ 为零阶保持器模型，$D(z)$ 为数字控制器传递函数模型。

电阻炉是一个典型的纯滞后一阶惯性环节，其传递函数模型为

$$W(s)=\frac{K}{T_1s+1}\mathrm{e}^{-\tau s} \qquad (8-11)$$

模型参数为放大系数 K、滞后时间 τ 和时间常数 T_1（变送器、固态继电器及电阻炉的

比例系数乘积)。这 3 个模型参数可以通过参数估计的方法得到。

利用阶跃响应曲线辨识纯滞后一阶惯性环节参数的方法有：将被控对象电阻炉进行开环控制，开环控制系统结构如图 8-17 所示。在电阻炉对象输入阶跃信号 $r_0(t)$，得到对象的阶跃响应曲线如图 8-18 所示，由阶跃响应曲线求解出 K、T_1、τ 三个参数的值，进而得到被控对象电阻炉的传递函数模型 $W(s)$。

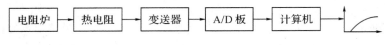

图 8-17 开环控制系统结构

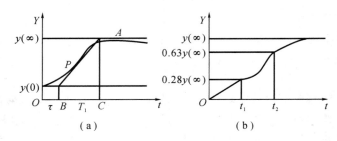

图 8-18 被控对象开环阶跃响应曲线

参数求解方法如下：

(1) 过程的静态放大系数：

$$K = \frac{y(\infty) - y(0)}{r_0} \qquad (8-12)$$

其中 $y(\infty)$ 为稳态温度，$y(0)$ 为初始温度，r_0 为给定阶跃信号。

(2) 过程的时间常数 T_1 和滞后时间 τ 的求法：

在响应曲线的拐点 P 作切线，交时间轴于 B 点，交其稳态值的渐近线 $y(\infty)$ 于 A 点，A 点在时间轴上的投影为 C 点，则 OB 段为过程容量滞后时间 τ，BC 段为过程的时间常数 T_1。

当阶跃响应曲线上的拐点不易确定时，直接取阶跃响应曲线稳态值 $y(\infty)$ 的 28% 和 63%，对应的时间分别为 t_1 和 t_2，再按下式计算滞后时间 τ 和时间常数 T_1：

$$t_1 = \tau + \frac{T_1}{3} \qquad (8-13)$$

$$t_2 = \tau + T_1 \qquad (8-14)$$

求解这两个方程，可得到 τ、T_1 的值。

通过实验，得到炉温控制系统阶跃响应曲线如图 8-19 所示。从图上可以得到

$$\tau = 40, \quad T_1 = 360 - 40 = 320, \quad r_0 = 185, \quad y(\infty) = 180, \quad y(0) = 42$$

从而得到

$$K = \frac{y(\infty) - y(0)}{r_0} = \frac{180 - 42}{185} = \frac{138}{185} = 0.746$$

于是电阻炉的传递函数模型如下：

$$W(s) = \frac{0.746 e^{-40s}}{320s + 1} \qquad (8-15)$$

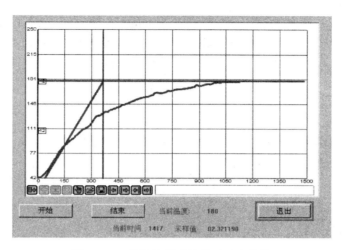

图 8-19　炉温控制系统阶跃响应曲线

控制器 $D(z)$ 采用位置式 PID 控制算法：

$$u(k) = u(k-1) + \Delta u(k)$$
$$= u(k-1) + K_p[e(k) - e(k-1)] + K_i e(k)$$
$$+ K_d[e(k) - 2e(k-1) + e(k-2)] \qquad (8-16)$$

在整个控制过程中，控制量 $u(k)$ 的值由控制量 $u(k-1)$，误差量 $e(k)$、$e(k-1)$、$e(k-2)$，以及控制器参数 K_p、K_i、K_d 来决定。PID 实时控制算法流程如图 8-20 所示。

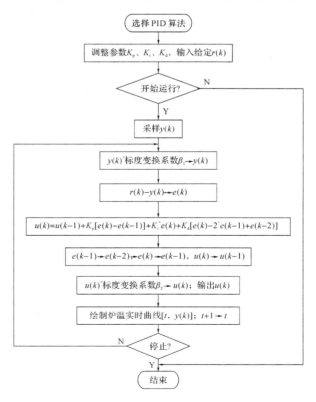

图 8-20　PID 算法流程图

算法中的"标度变换系数"指实际物理量与检测量（或控制量）之间的转换倍数。例如本系统中的温度范围为 0～400℃，而热电阻 PT100 在经过变送器变换后得到 0～5 V 的输出电压，所以实际温度与控制电压有 80 倍的转换关系，即标度变换系数。

一般来说，若被测参数与 A/D 转换结果之间呈线性关系，即

$$\frac{y-y_0}{y_m-y_0}=\frac{x-x_0}{x_m-x_0} \tag{8-17}$$

式中，y 为实际工程测量值的转换结果；y_m 为被测量参数量的最大值；y_0 为被测参数量的最小值；x 为实际采样测量的数字量；x_m 为采样测量的量程上限对应的数字量；x_0 为采样测量的量程下限对应的数字量。则在 x_0、x_m、x 和 y_0、y_m 均已知的情况下，可计算出工程测量值 y 为

$$y=\beta(x-x_0)+y_0 \tag{8-18}$$

式中 $\beta=\dfrac{y_m-y_0}{x_m-x_0}$ 为标度变换系数。

8.4.4 系统软件设计

1. 软件开发环境

进行炉温控制软件开发可以使用的工具有很多，比较常见的有 Visual Basic 语言、C 语言、C++语言等，它们都具有较强大的功能。但是使用计算机语言开发一个系统需要编写大量的源程序，这无疑加大了系统开发的难度。本系统的开发采用了一种工控组态软件——组态王。组态软件的使用使炉温控制系统开发过程变得简单，而组态软件功能强大，可以开发出更出色的应用软件。

组态软件具有实时多任务处理、使用灵活、功能多样、接口开放及易学易用等特点。在开发系统的过程中，组态软件能完成系统要求的以下任务：

（1）计算机与采集、控制设备间进行数据交换。

（2）计算机画面上元素同设备数据相关联。

（3）处理数据报警和系统报警。

（4）存储历史数据并支持历史数据的查询。

（5）各类报表的生成和打印输出。

（6）最终生成的应用系统运行稳定可靠。

（7）具有与第三方程序的接口，方便数据共享。

系统选用组态王 6.02 版本进行应用软件的开发。该版本软件包包括工程管理器（Project Manager）、工程浏览器（Touch Explorer）、工程运行系统（Touch View）和信息窗口（Information Windows）4 部分，各自的功能如下：

（1）工程管理器。用于组态王进行工程管理，包括新建、备份、变量的导入/导出、定义工程的属性等。

（2）工程浏览器。它是组态王软件的核心部分和管理开发系统，将画面制作系统中已设计的图形画面、命令语言、设备驱动程序管理、配方管理、数据库访问配置等工程资源进行统一管理，并在一个窗口中以树形结构排列。这种功能与 Windows 操作系统中的资源管理器的功能相似。

工程浏览器中内嵌画面制作系统，即应用程序的集成开发环境，在这个环境中完成画面设计、动画连接等工作。画面制作系统具有先进、完善的图形生成功能，数据库提供多种数据类型，能合理地提取控制对象的特性，对变量报警、趋势曲线、过程记录、安全防范等重要功能都有简洁的操作方法。

（3）工程运行系统。画面的运行由工程运行系统来完成，在应用工程的开发环境中建立的图形画面只有在 Touch View 中才能运行。它从控制设备中采集数据，存储于实时数据库中，并负责把数据的变化以动画的方式形象地表示出来。同时完成变量报警、操作记录、趋势曲线绘制等监控功能，并按实际需求记录在历史数据库中。

（4）信息窗口。它是一个独立的 Windows 应用程序，用来记录、显示组态王开发和运行系统在运行时的状态信息，包括组态王系统的启动、关闭、运行模式；历史数据的启动、关闭；I/O 设备的启动、关闭；网络连接的状态；与设备连接的状态；命令语言中函数未执行成功的出错信息等。

2. 应用软件的开发

应用组态王软件开发炉温控制系统的开发步骤如下：

（1）搞清所使用的 I/O 设备的生产厂商、种类、型号以及使用的通信接口类型、采用的通信协议，进行 I/O 口设置。

（2）将所有 I/O 点的参数收集齐全，以备在组态王上组态时使用。

（3）按照统计好的变量制作数据字典。

（4）按数据存储的要求构建数据库，建立记录体和模板，为数据连接做准备。

（5）根据工艺过程和组态要求绘制、设计画面结构和画面草图。

（6）根据上步的画面结构和画面草图，组态每一幅静态的操作画面。

（7）将操作画面中的图形对象与实时数据库变量建立动画连接关系，规定动画属性和幅度。

（8）绘制数据流程，编写命令语言，完成数据与画面的连接，对组态内容进行分段和总体调试。

（9）设计控制算法。工业中用的比较多的控制算法有 PID 算法、Smith 预估算法、Dahlin 算法等，各种算法都有自己的优势，适用于不同的被控对象。本系统选用 PID 算法进行控制。

（10）系统投入运行。

8.4.5　系统的实际控制效果

根据上述整定的控制器参数对炉温控制系统进行温度控制，设定阶跃输入为 $r_0 = 150$，则系统的温控曲线如图 8-21 所示。从温控曲线可以看出，理论上整定的控制参数可以保证系统稳定，但是动态过程并不理想：超调量大，过渡过程时间长。因此在理论控制参数的基础上，可以对 PID 的控制参数进行进一步的调整。

（1）调整 K_p。K_p 的作用是对偏差作出响应，使系统向减少偏差的方向变化。K_p 增大有利于减小稳态误差，但过大会导致系统超调增加，稳定性变差，所以应该适当地减小 K_p。经过多次试验，当 $K_p = 7.3$ 时，系统响应的超调量小，动态性能较好。

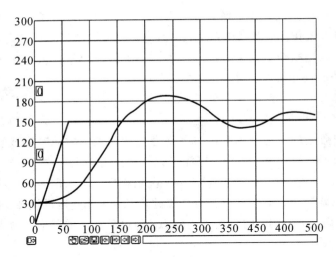

图 8-21   理论控制器参数下系统的温控曲线

（2）调整 K_i。K_i 的作用是消除系统的稳态误差，但 K_i 增得太大不利于减少超调、减小振荡，使系统稳定性变差，系统稳态误差的消除反而减慢。调整 K_i 后的系统稳态误差可以消除，超调量减小，但是调节时间仍然很长，这可以通过调整 K_d 得到解决。

（3）调整 K_d。K_d 的作用是加快系统的响应，对偏差的变化作出响应，按偏差趋向进行控制，将偏差消除在起始状态当中，使系统超调量减小，稳定性增加，但对扰动的抑制能力减弱。经过调整后取：

$$K_p = 7.3, \ K_i = 0.1, \ K_d = 50$$

可以得到较好的控制效果，温控曲线如图 8-22 所示。

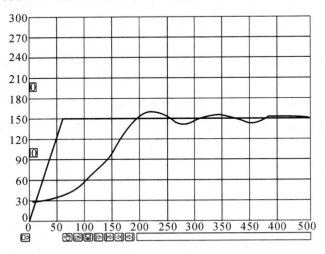

图 8-22   调整控制参数后的系统温控曲线

对于惯性大、具有较大滞后的系统，实践经验表明，使用 PID 进行控制，系统的超调量过大，调节时间长，系统很难达到稳定。即使调整 PID 控制器参数，也很难得到良好的效果。因此，为了改善滞后对系统性能的不良影响，比较常用的控制算法是 Smith 预估控制算法、Dahlin 算法等，可以应用这些算法对本系统进行控制。实际上，本实验系统的计算机软件中也包含了这些算法。

小　　结

本章介绍了计算机控制系统设计的设计原则、设计步骤、系统总体方案的设计、硬件系统的设计、软件系统的设计、系统的调试与运行。用两个实例(基于单片机的语音温度计和电阻炉温度控制系统)按照计算机控制系统设计步骤,综合前面章节的内容和电子设计的基本知识完成系统的设计。其内容如下:

(1)学习系统对象的建模,了解工业过程各典型环节的传递函数模型形式,并了解相应的时域和频域特性。

(2)对于常见的温度、压力、流量、速度、位置等的检测机构元器件和执行机构元器件有一定的了解。对于信号转换元器件、典型电路的设计等应该了解,并加以理解和掌握。

(3)针对具有不同特性的工业对象,应该学会选用相应的控制算法。

(4)控制算法是通过计算机编程来实现的。计算机编程简洁、正确、严密是基本的要求,需要在实践中不断摸索和积累经验。编程可以采用常用的开发语言,例如 C 语言,也可以采用组态软件进行,根据实际情况灵活选择即可。

习　　题

1. 计算机控制系统设计的原则是什么?
2. 计算机控制系统的软、硬件设计步骤是什么?
3. 简述热电阻的特点,分析其测温原理。
4. 简述固态继电器的特点和原理。

附　录

Z 变换的性质

1. 线性性质

若 $Z[x_1(n)] = X_1(z)$，$Z[x_2(n)] = X_2(z)$，则
$$Z[a_1 x_1(n) + a_2 x_2(n)] = a_1 X_1(z) + a_2 X_2(z)$$

2. 平移定理

平移是指把整个采样序列 $x(n)$ 在时间轴上左、右移动若干个采样周期。允许超前，也允许延迟。若 $Z[x(n)] = X(z)$，则
$$Z[x(n+k)] = z^k X(z) - \sum_{j=0}^{k-1} z^{k-j} x(j), \quad Z[x(n-k)] = z^{-k} X(z)$$

3. 微分定理

$$\text{若 } Z[x(n)] = X(z)，\text{则 } Z[nx(n)] = -z \frac{\mathrm{d}X(z)}{\mathrm{d}z}$$

4. 积分定理

$$\text{若 } Z[x(n)] = X(z)，\text{则 } Z\left[\frac{x(n)}{n}\right] = \int_z^{+\infty} \frac{X(z)}{z} \mathrm{d}z + \lim_{n \to 0} \frac{x(n)}{n}$$

5. 初值定理

$$\lim_{n \to 0} x(n) = \lim_{z \to +\infty} X(z) \text{ 或者 } x(0) = \lim_{z \to +\infty} X(z)$$

6. 终值定理

$$\lim_{n \to +\infty} x(n) = \lim_{z \to 1}(z-1)X(z)$$

7. 复数位移定理

$$Z[x(t) e^{\mp \alpha t}] = X(z e^{\mp \alpha t})$$

8. 卷积定理

$$\text{若 } g(n) = x(n)^* y(n)，\text{则 } G(z) = X(z) \cdot Y(z)$$

9. 比例尺变换

$$\text{若 } Z[x(n)] = X(z)，\text{则 } Z[x(an)] = X(z^{\frac{1}{a}})$$

10. 乘以指数序列 a^n

$$Z[a^n x(n)] = X(a^{-1} z)，a \text{ 为整数}$$

拉普拉斯变换

拉普拉斯变换又叫拉氏变换，将时域内的微分方程变换成复数域内的代数方程，并在其变换时引入了初始条件，可以很方便地求解线性定常系统的微分方程。

拉式变换的定义如下：

设函数 $f(t)$ 当 $t \geqslant 0$ 时有定义，且积分 $F(s) = \int_0^\infty f(t) \mathrm{e}^{-st} \mathrm{d}t$ 存在，则称 $F(s)$ 是 $f(t)$ 的拉普拉斯变换，记为 $F(s) = L[f(t)]$，其中 s 为复变量。$F(s)$ 为时域内 $f(t)$ 的象函数，$f(t)$ 为 $F(s)$ 的原函数。

序号	象函数 $F(s)$	原函数 $f(t)$
1	1	$\delta(t)$
2	$\dfrac{1}{s}$	1
3	$\dfrac{1}{s^2}$	t
4	$\dfrac{1}{s^n}$	$\dfrac{t^{n-1}}{(n-1)!}$
5	$\dfrac{1}{s+a}$	e^{-at}
6	$\dfrac{1}{s(s+a)}$	$\dfrac{1}{a}(1-\mathrm{e}^{-at})$
7	$\dfrac{1}{(s+b)(s+a)}$	$\dfrac{1}{b-a}(\mathrm{e}^{-at}-\mathrm{e}^{-b})$
8	$\dfrac{\omega}{s^2+\omega^2}$	$\sin\omega t$
9	$\dfrac{s}{s^2+\omega^2}$	$\cos\omega t$
10	$\dfrac{\omega^2}{s(s^2+\omega^2)}$	$1-\cos\omega t$
11	$\dfrac{s+a}{(s+a)^2+\omega^2}$	$\mathrm{e}^{-at}\cos\omega t$
12	$\dfrac{\omega}{(s+a)^2+\omega^2}$	$\mathrm{e}^{-at}\sin\omega t$
13	$\dfrac{\omega_n^2}{s^2+2\xi\omega_n s+\omega_n^2}$	$\dfrac{1}{\sqrt{1-\xi^2}}\mathrm{e}^{-\xi\omega_n t}\sin(\omega_n\sqrt{1-\xi^2}\,t)$

拉普拉斯变换的常用定理

1. 线性定理

原函数之和的拉普拉斯变换等于各原函数拉普拉斯变换之和，常数可以提到括号外面。

$$L[af_1(t)+bf_2(t)]=aF_1(s)+bF_2(s)$$

2. 微分定理

原函数 $f(t)$ 的一阶导数的拉普拉斯变换为

$$L\left[\frac{\mathrm{d}f(t)}{\mathrm{d}t}\right]=sF(s)-f(0)$$

3. 积分定理

原函数 $f(t)$ 对时间 t 的积分的拉普拉斯变换为

$$L\left[\int f(t)\mathrm{d}t\right]=\frac{1}{s}F(s)+\frac{f^{(-1)}(0)}{s}$$

4. 初值定理

原函数的初值等于其象函数乘上 s 的终值：

$$\lim_{t\to0}f(t)=\lim_{s\to\infty}sF(s)$$

5. 终值定理

原函数的终值等于其象函数乘上 s 的初值：

$$\lim_{t\to\infty}f(t)=\lim_{s\to0}sF(s)$$

6. 位移定理

原函数在时间上的延迟 τ，则其象函数应乘上 $\mathrm{e}^{-\tau s}$：

$$L[f(t-\tau)\cdot1(t-\tau)]=\mathrm{e}^{-\tau s}F(s)$$

象函数延迟 a，原函数应乘上 e^{at}：

$$L[\mathrm{e}^{at}f(t)]=F(s-a)$$

7. 相似定理

原函数在时间上收缩（延长）a 倍，象函数及其自变量都增加（减小）a 倍：

$$L\left[f\left(\frac{t}{a}\right)\right]=aF(as)$$

8. 卷积定理

两个原函数的卷积等于对应象函数的乘积：

$$L\left[\int_0^t f_1(t-\tau)f_2(\tau)\mathrm{d}\tau\right]=F_1(s)\cdot F_2(s)$$

9. 拉普拉斯反变换

从象函数 $F(s)$ 到原函数 $f(t)$ 的运算称为拉普拉斯反变换，记为 $f(t)=L^{-1}[F(s)]$。

$$f(t)=L^{-1}[F(s)]=\frac{1}{2\pi\mathrm{j}}\int_{c-j\infty}^{c+j\infty}\mathrm{e}^{st}F(s)\mathrm{d}s$$

参 考 文 献

[1] 曹佃国，王强德，史丽红. 计算机控制技术[M]. 北京：人民邮电出版社，2013.

[2] 姜学军. 计算机控制技术[M]. 北京：清华大学出版社，2005.

[3] 王建华，黄河清. 计算机控制技术[M]. 北京：高等教育出版社，2003.

[4] 丁建强. 计算机控制技术及其应用[M]. 北京：清华大学出版社，2012.

[5] 刘庆丰. 计算机控制技术[M]. 北京：科学出版社，2011.

[6] 谢剑英，贾青. 微型计算机控制技术[M]. 3 版. 北京：国防工业出版社，2001.

[7] 于海生. 微型计算机控制技术[M]. 2 版. 北京：清华大学出版社，2009.

[8] 顾德英，罗云林，马淑华. 计算机控制技术[M]. 3 版. 北京：北京邮电大学出版社，2012.

[9] 席爱民. 计算机控制系统[M]. 北京：高等教育出版社，2010.

[10] 张国范. 计算机控制系统[M]. 北京：冶金工业出版社，2004.

[11] 肖诗松. 计算机控制：基于 MATLAB 实现[M]. 北京：清华大学出版社，2006.

[12] 薛定宇. 控制系统仿真与计算机辅助设计[M]. 北京：机械工业出版社，2005.

[13] 朱玉玺，崔如春，邝小磊. 计算机控制技术[M]. 2 版. 北京：电子工业出版社，2010.

[14] 王锦标. 计算机控制系统[M]. 2 版. 北京：清华大学出版社，2008.

[15] 潘新民，王燕芳. 微型计算机控制技术[M]. 2 版. 北京：电子工业出版社，2014.

[16] 朱广辉. 计算机网络技术[M]. 北京：清华大学出版社，2005.

[17] 赵岩，孙丽宏，王东辉. 工业计算机控制技术[M]. 北京：清华大学出版社，2012.

[18] 方红. 计算机控制技术[M]. 北京：电子工业出版社，2014.

[19] 俞光昀. 计算机控制技术[M]. 3 版. 北京：电子工业出版社，2014.

[20] 刘豹，唐万生. 现代控制理论[M]. 3 版. 北京：机械工业出版社，2007.

[21] 周武能，童东兵，代安定. 线性系统基础理论[M]. 西安：西安电子科技大学出版社，2014.

[22] 林敏. 计算机控制技术及工程应用[M]. 北京：国防工业出版社，2014.

[23] 温希东，路勇. 计算机控制技术[M]. 西安：西安电子科技大学出版社，2005.

[24] 徐安. 微型计算机控制技术[M]. 北京：电子工业出版社，2008.

[25] 高国燊. 自动控制原理[M]. 4 版. 广州：华南理工大学出版社，2013.

[26] 康波，李云霞. 计算机控制系统[M]. 2 版. 北京：电子工业出版社，2015.

[25] 李铁桥，张虹. 计算机控制理论与应用[M]. 哈尔滨：哈尔滨工业大学出版社，2005.

[26] 孙增圻. 计算机控制理论与应用[M]. 2 版. 北京：清华大学出版社，2008.

[27] 薛安克，周亚军. 运动控制系统[M]. 北京：高等教育出版社，2012.

[28] 彭冬亮，文成林，薛安克. 多传感器多源信息融合理论及应用[M]. 西安：西安电子科技大学出版，2010.

[29] 韩安太，刘峙飞，黄海. DSP 控制器原理及其在运动控制系统中的应用[M]. 北京：清华大学出版社，2003.

[30] 孙冠群. 控制电机与特种电机及其控制系统[M]. 北京：北京大学出版社，2011.

［31］蔡自兴. 智能控制：基础与应用［M］. 北京：国防工业出版社，1998.

［32］蔡自兴. 人工智能控制［M］. 北京：化学工业出版社，2005.

［33］周武能，苏宏业. 区域稳定性约束鲁棒控制理论及应用［M］. 北京：科学出版社，2009.

［34］周武能. 线性系统基础理论［M］. 西安：西安电子科技大学出版社，2014.

［35］张志方，孙常胜. 线性控制系统教程［M］. 北京：科学出版社，1993.

［36］陈际达. 线性控制系统［M］. 长沙：中南工业大学出版社，1987.

［37］孟希哲. 线性控制系统［M］. 北京：水利电力出版社，1995.

［38］卢伯英. 线性控制系统［M］. 北京：北京航空航天大学出版社，1993.

［39］王锦标. 计算机控制系统［M］. 北京：清华大学出版社，2008.

［40］高金源，夏洁，张平，等. 计算机控制系统［M］. 北京：高等教育出版社，2010.

［41］何克忠. 计算机控制系统分析与设计［M］. 北京：清华大学出版社，1988.

［42］陈炳和. 计算机控制系统基础［M］. 北京：北京航空航天大学出版社，2001.

［43］赵刚，杨永立. 轧制过程的计算机控制系统［M］. 北京：冶金工业出版社，2002.

［44］陈信昌. 分布式计算机控制系统［M］. 北京：北京理工大学出版社，1997.

［45］张玉明. 计算机控制系统分析与设计［M］. 北京：中国电力出版社，2000.

［46］邱公伟. 多级分布式计算机控制系统［M］. 北京：机械工业出版社，1993.

［47］高金源. 计算机控制系统：理论、设计与实现［M］. 北京：北京航空航天大学出版社，2001.

［48］刘恩沧. 计算机控制系统分析与设计［M］. 武汉：华中理工大学出版社，1997.

［49］童锟，秦守敬. 多级分布式计算机控制系统［M］. 北京：机械工业出版社，1993.

［50］尹绍清. 过程计算机控制系统［M］. 西安：西北工业大学出版社，1989.

［51］杨树兴. 计算机控制系统：理论、技术与应用［M］. 北京：机械工业出版社，2006.

［52］傅信. 过程计算机控制系统［M］. 西安：西北工业大学出版社，1995.